跟Wakaba酱一起学

网站制作

兼容
Windows
和Mac

〔日〕凑川爱 ● 著
苗琳娟 ● 译

中国科学技术大学出版社

安徽省版权局著作权合同登记号：第 12181866 号

WAKABA CHAN TO MANABU WEBSITE SEISAKU NO KIHON by Ai Minatogawa.

Copyright © Ai Minatogawa, 2016. All rights reserved.

Original Japanese edition published by C&R INSTITUTE, INC., Niigata.

This Simplified Chinese edition is published by arrangement with C&R INSTITUTE, INC., Niigata in care of Tuttle−Mori Agency, Inc., Tokyo.

图书在版编目（CIP）数据

跟 Wakaba 酱一起学网站制作/（日）湊川爱著；苗琳娟译 .—合肥：中国科学技术大学出版社，2020.9（2023.12 重印）

ISBN 978−7−312−04882−1

Ⅰ.跟… Ⅱ.①湊…②苗… Ⅲ.网页制作工具—程序设计 Ⅳ.TP393.092.2

中国版本图书馆CIP数据核字（2020）第 142882 号

跟 Wakaba 酱一起学网站制作
GEN WAKABA JIANG YIQI XUE WANGZHAN ZHIZUO

出版	中国科学技术大学出版社
	安徽省合肥市金寨路96号,230026
	http://press.ustc.edu.cn
	https://zgkxjsdxcbs.tmall.com
印刷	安徽国文彩印有限公司
发行	中国科学技术大学出版社
开本	880 mm×1230 mm　1/32
印张	9.75
字数	299千
版次	2020年9月第1版
印次	2023年12月第2次印刷
定价	49.00元

网站（Web）设计好像很难啊！

从哪儿开始好呢？

嗯嗯……
最开始的那一步
是很难迈出的。

所以，
有一个互联网产品经理
就把网站制作的基础用四格漫画表现
出来啦！

即使只是零散地阅读四格漫画，
也可以粗略地了解网站制作的基础哟！

跟着本书的示例，
就可以制作出一个简单的网站哟！

这样，从今天开始，
你也是一位互联网产品经理喽！！

那，去那个初学
者家里喽！

啊——
你一个人去？
好狡猾！

角色介绍

Wakaba 酱 ①
超级初学者
Extreme beginner

嗯……

从哪儿开始比较好呢？

本　　　名	伊吕波Wakaba
梦　　　想	成为互联网产品经理
人　　　称	我（女性）
性　　　格	自我步调②·宅

网站设计的超级初学者。

虽然喜欢在网上买东西、看视频，但一点
儿都不懂网站制作的知识。

比较自我步调，但言语有个性，
要成为吐槽役③？！

实际上，我的兴趣是盆栽和冷笑话。

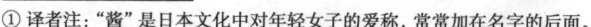

① 译者注："酱"是日本文化中对年轻女子的爱称，常常加在名字的后面。
② 译者注：跟随自己的心境而行动。一度成为许多人标榜的属性标签之一，特别是在日本。
③ 译者注：日本二人站台喜剧"漫才"中的角色之一，主要负责找茬／吐槽（类似中国对口相声中的"逗哏"）。
另一种角色是呆役（类似"捧哏"），主要负责滑稽地装傻。

HTML
超文本标记语言
（Hyper Text Markup Language）

简单易理解，这一点是最重要的！

出 生 信 息	1989年出生于瑞士
功　　　能	文本结构化
人　　　称	我（女性）
性　　　格	直率·简单·漫不经心

我在瑞士日内瓦的研究机构"CERN"[1]，
是由蒂姆·博纳斯·李[2]抚养长大的女孩。

什么事都直截了当地说出来，性格简单直爽。

着装朴素，这是因为怀着"HTML还是简单比较好"
的信念。

正在用尽全力教Wakaba酱设计网站，不过时但也
会表现得冒冒失失。

① 译者注：欧洲核子研究组织，是世界上最大的粒子物理学实验室，也是万维网的发源地。
② 译者注：英国计算机科学家，万维网的发明者。因发明万维网、第一个浏览器，以及允许万维网扩展
的基础协议和算法，获得 2016 年度图灵奖。

CSS
层叠样式表
(Cascading Style Sheets)

我负责网页装饰哟!

出 生 信 息	1994年出生于瑞士
功　　　能	网页装饰
人　　　称	我（女性）
性　　　格	早熟·自称偶像

超喜欢时尚装扮，一个自称"网络偶像"的女孩。

每天的快乐就是给HTML酱穿各种各样的衣服。

一看到朴素的HTML酱，就不由自主地想打扮她。

性格虽然很要强，但好像还蛮在意与别人的关系。

JavaScript

什么？在叫我吗？

出 生 信 息	1995年出生于美国
功　　　能	让网页动起来
人　　　称	我（简短型）
性　　　格	神出鬼没·飘忽不定

出生于美国的网景公司(Natscape)。出人意料的言行常让周围人惊讶，是有些古怪的存在。

善于处理HTML酱和CSS酱的事情，被她俩尊称为"JavaScript 先生"。

PHP
(Hypertext Preprocessor)
超文本预处理器

没有那个数据……
数据库是这么说的。

出 生 信 息	1994年
功　　　能	Web应用的开发
人　　　称	PHP
性　　　格	冷静沉着·现实

总是在和手里的数据库说话。

实际上，是让Yahoo和GREE[①]这样的大型网站动起来的厉害角色。

---

① 译者注：日本第二大社交网站。

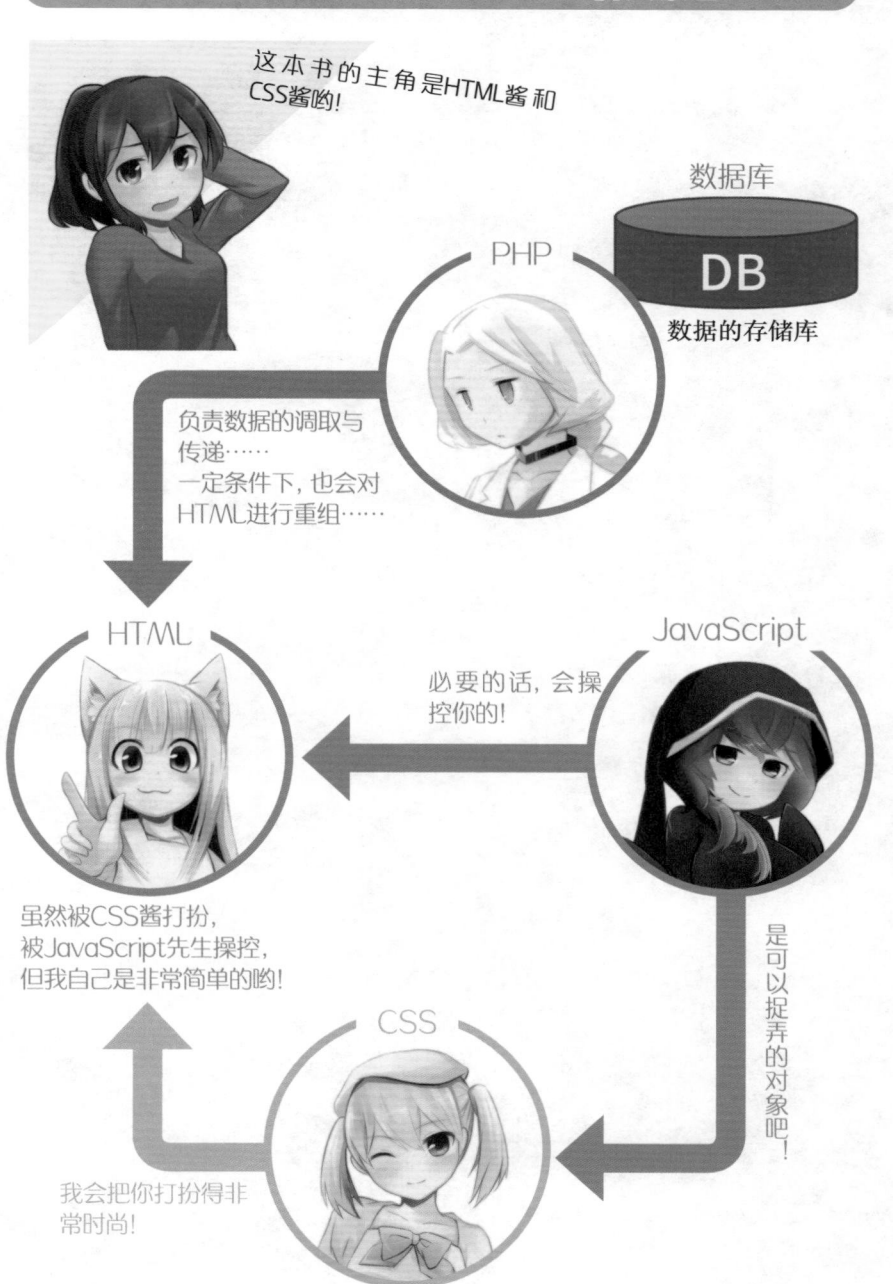

网站制作中用到的主要语言间的关系图

这本书的主角是HTML酱和CSS酱哟!

数据库

PHP

DB
数据的存储库

负责数据的调取与传递……
一定条件下,也会对HTML进行重组……

HTML

JavaScript

必要的话,会操控你的!

虽然被CSS酱打扮,
被JavaScript先生操控,
但我自己是非常简单的哟!

是可以捉弄的对象吧!

CSS

我会把你打扮得非常时尚!

前　言

🌱 既然要学习，还是开心地学比较好

"看到全是文字的编程解说，就会想往后撤。"

"但如果是漫画版的解说，还是想去读读看的。"

为了这些人，我写了这样一本书：只是看着漫画中的角色们吵吵闹闹，就可以自然地学会网站制作。

- 出场角色个性鲜明的四格漫画
- 凭感觉就可以理解的图解
- 适量的编程实践

因为本书有以上三个特点，所以读者可以毫无困难地学会网站制作的基础。

🌱 推荐以下人士阅读

- 想成为互联网产品经理的人
- 想制作网页吸引顾客的人
- 突然被任命为网站负责人而需要学习相关知识的人
- 网站开发公司的销售人员，以及需要了解开发相关工作的人

我完全是菜鸟一枚，没问题吗?

完全不用担心，相反，我们非常欢迎啦!

我们会从最基础的开始，所以从未碰过HTML和CSS的人也完全可以哟。

网站制作的基础，全在这儿！

网站制作的流程和各章的对应关系如下。

网站制作的流程

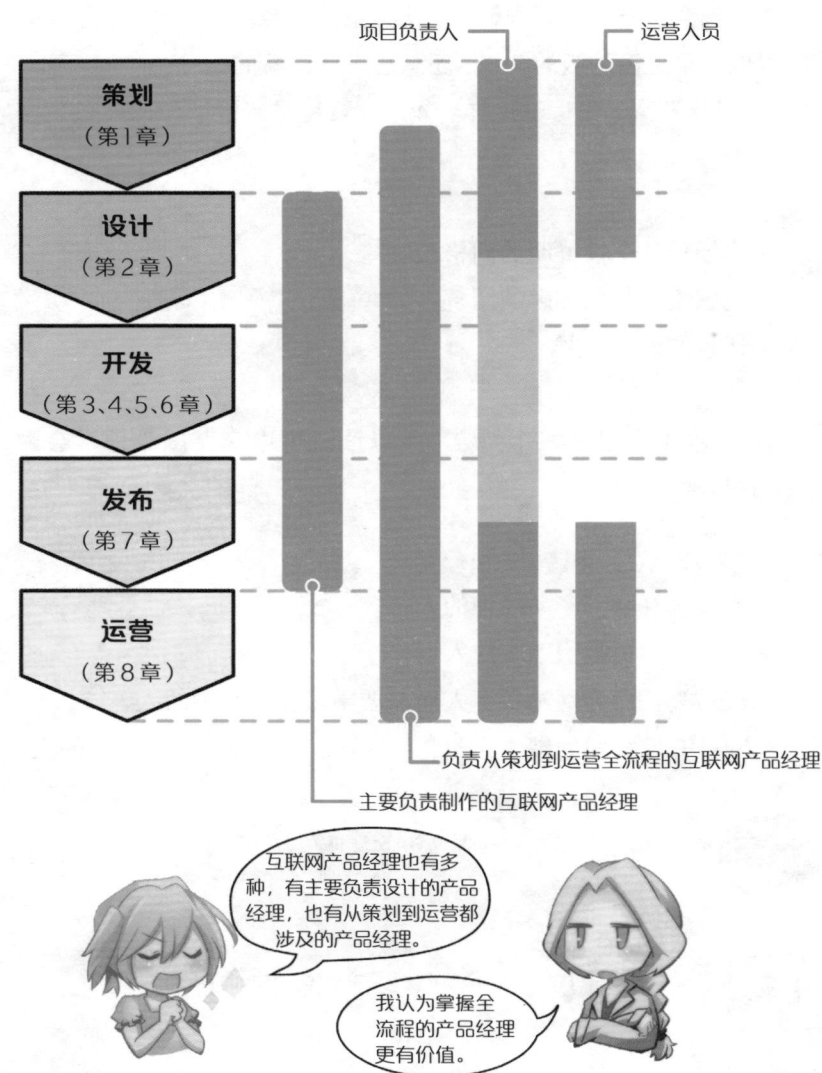

项目负责人   运营人员

策划（第1章）

设计（第2章）

开发（第3、4、5、6章）

发布（第7章）

运营（第8章）

负责从策划到运营全流程的互联网产品经理

主要负责制作的互联网产品经理

互联网产品经理也有多种，有主要负责设计的产品经理，也有从策划到运营都涉及的产品经理。

我认为掌握全流程的产品经理更有价值。

◆ 策划

所有的网站制作，都是从策划开始的。

提到网站制作，就容易被认作是编程、图像编辑等具体的工作。但是，事先策划确定目的之后再开始开发的网站，效果一定会更好。

如果你现在运营着一个网站，那么就请试着边读边和Wakaba酱一起思考"这个网站的目的是什么？"。

◆ 制作

开始HTML5和CSS3之时，会对最基本的编程基础进行解说。

本书出现的网站中，70%左右都有源代码，你可以通过编辑源代码快乐地学习。

本书使用的工具全部免费，示例数据也可以免费下载。

另外，可以接触到简单的JavaScript · jQuery，也可以懂一点儿PHP。

◆ 运营

好不容易做出来的网站，一定希望很多人来访问吧。

本书中，也会对发布之后与运营相关的事项进行解说。

- 用户行为分析
- 搜索引擎的机制和SEO
- 效果不达预期时的思考方法
- PDCA循环

这些知识，在实际的网站运营中，都会成为强有力的支持。

那么，让我们和主人公Wakaba酱一起体验网站制作的策划、制作和运营吧。

关于示例代码中的▼

因受页面限制，一段示例代码有可能需要在两页中呈现，这种情况下，使用▼符号来表示这是同一段代码。

关于示例的下载

本书实操练习中用到的示例，可通过以下途径获取。

网址：https://share.weiyun.com/6IvMWmMb

关于示例数据的使用

在一定程度上是可以通过编辑已经开发好的网站的源代码来学习 HTML、CSS 和 JavaScript 的。

已下载的文件是 Zip 的压缩格式，解压缩后，有"实践用""素材""完成版""小课程""用到的软件"五个文件夹和HTML5元素一览表。

- 实践用——本书主要使用的示例及相关代码
- 素材——网站的部分原稿，中间状态的代码
- 完成版——网站完成后的示例及相关代码
- 小课程——第26、27节中使用的示例及相关代码
- 用到的软件——本书主要使用的几款软件

示例中提供的物品价格均以日元（￥）计算。

需要的时候，会指出应该使用哪一个文件。

目　录

● 角色介绍 ……………………………………………………………… III

● 前言 …………………………………………………………………… IX

策划很重要哟

① 策划　~制作成什么样的网站，取决于策划哟~

01　明确制作网站的目的 ……………………………………………… 2

02　目标用户是谁？先提出假设吧 …………………………………… 8

03　制作架构图 ………………………………………………………… 13

04　制定计划 …………………………………………………………… 17

专栏　互联网产品经理需有市场营销概念 ………………………… 23

思考设计吧

② 设计　~让设计与策划相配~

05　先画线框图 ………………………………………………………… 26

06　用图片编辑软件进行设计 ………………………………………… 29

开发网站喽

③ HTML　~贴上文章和图片，制作网站内容吧~

07　网页在互联网上可见的底层逻辑 ………………………………… 38

08　HTML是什么？ …………………………………………………… 41

09　迎接HTML的准备工作 …………………………………………… 47

专栏　网页开发常用的软件有哪些？ ……………………………… 51

10　HTML的基本结构 ································· 52

专栏　怎么写出易读的源代码？ ················· 60

11　制作标题和段落 ······························· 61

专栏　了解一下一行代码各部分的名称 ········· 67

12　用列表制作导航栏 ··························· 68

专栏　元素之间是存在父子关系的！ ············ 72

13　添加超链接 ································· 73

14　插入图片 ····································· 80

15　划分区域 ····································· 83

专栏　怎么写注释？ ··························· 89

16　做些适配CSS的准备工作吧 ··············· 90

17　表格的制作方法 ······························· 94

专栏　在table元素中设置好border属性 ········· 97

18　表单的制作方法 ····························· 98

专栏　用漫画理解类别与内容模型 ············· 105

让外表华丽起来

④

CSS ～让外表华丽起来～

19　CSS是什么？ ······························· 112

专栏　想在CSS上留下注释？ ················· 116

20　这就是"层叠" ······························ 117

专栏　后来者优先！需要知道的CSS特性 ········ 119

21　CSS一般用外部样式 ······················· 120

22　CSS外部样式的优势 ······················· 124

23　把HTML文件和CSS文件链接起来 ·········· 126

专栏　跨浏览器兼容性 ······················· 132

24　改变文字的大小和颜色 ······························· 133

25　选择器的特指度　CSS中还有优先级关系？ ·············· 140

专栏　用"每个阶层的人数"来计算特指度 ················· 153

26　内边距和外边距的区别 ····························· 154

27　用浮动把元素围起来 ······························· 162

28　适配智能手机的方法 ······························· 168

专栏　用漫画理解乱码的原因 ·························· 174

让网页动起来哟

5

JavaScript ~简直就是魔法，让网页动起来了呀~

29　JavaScript是什么？ ······························· 182

专栏　曾经，JavaScript为什么会被敬而远之？ ············· 187

30　jQuery是什么？ ································· 188

31　使用jQuery的插件 ······························· 191

专栏　作为互联网产品经理需要知道的关于许可证的事项 ········ 200

把能做的事情扩大一些

6

PHP ~显著提升能力范围的语言~

32　PHP是什么？ ································· 204

33　产品经理也需要了解编程语言的理由 ················· 210

专栏　其他可用于Web制作的语言 ····················· 212

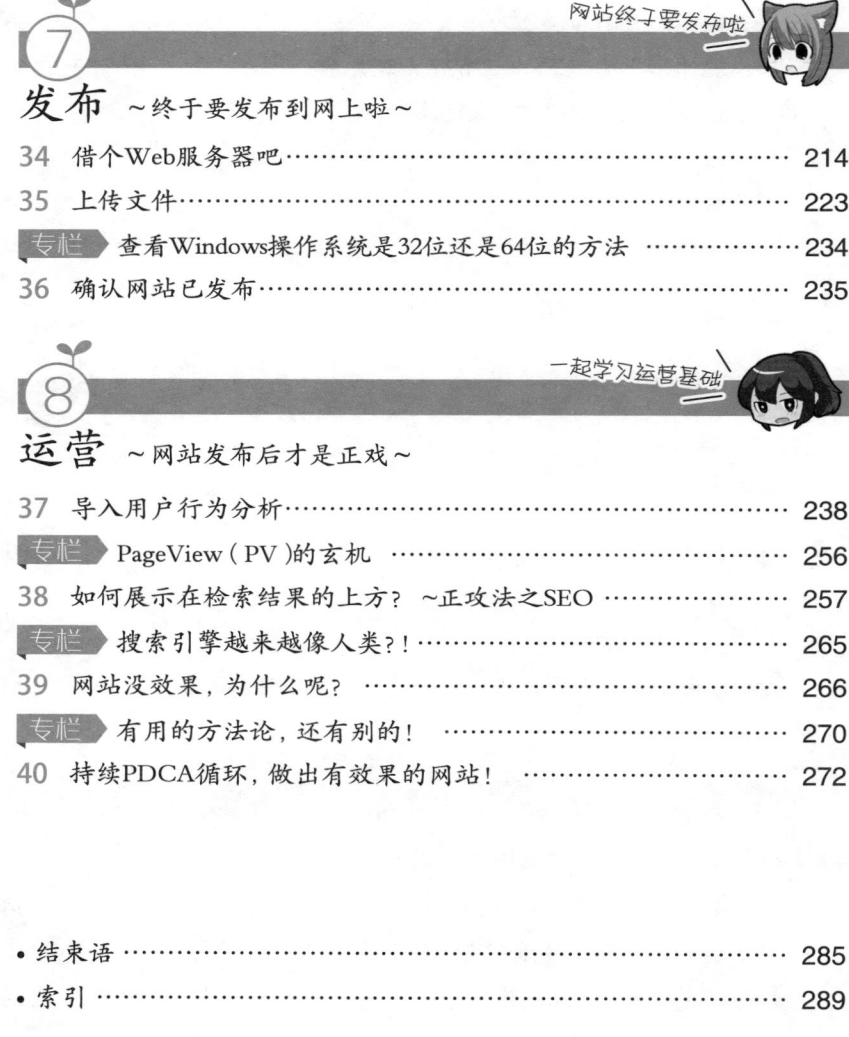

7

发布 ~终于要发布到网上啦~

网站终于要发布啦

34　借个Web服务器吧 …………………………………………… 214

35　上传文件 …………………………………………………………… 223

专栏　查看Windows操作系统是32位还是64位的方法 ………… 234

36　确认网站已发布 ………………………………………………… 235

8

运营 ~网站发布后才是正戏~

一起学习运营基础

37　导入用户行为分析 ……………………………………………… 238

专栏　PageView（PV）的玄机 …………………………………… 256

38　如何展示在检索结果的上方？ ~正攻法之SEO ……………… 257

专栏　搜索引擎越来越像人类？！ ………………………………… 265

39　网站没效果，为什么呢？ ……………………………………… 266

专栏　有用的方法论，还有别的！ ………………………………… 270

40　持续PDCA循环，做出有效果的网站！ …………………… 272

● 结束语 ……………………………………………………………… 285

● 索引 ………………………………………………………………… 289

1

策划

~制作什么样的网站，取决于策划哟~

01 明确制作网站的目的

1
策划~制作什么样的网站，取决于策划哟~

说起网站（Web）设计，大家可能会有"制作眼睛看得到的那些东西"的印象。

无论多么帅气华丽的网站，如果没有明确的目的，就很难有效果。相反，认真明确了目的之后再开发的网站，比如说其目的是"提升销售额""提升申请数"等，预期的效果就会相对比较容易达到。

先明确"这个网站的目的是什么"，再开始制作吧。

从明确目的出发

在网站制作中, 必要的环节都有哪些 ?

✧ 确定配色和页面布局

✧ 用画图软件制作版式

✧ 用 HTML、CSS 编程

以上环节, 有共同的前提, 那就是 达成目的。

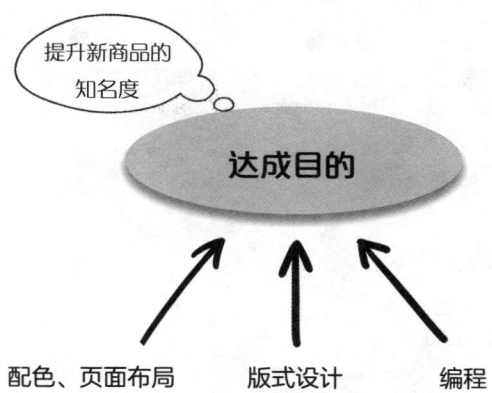

配色、页面布局　　　版式设计　　　编程

目的这个东西, 后面制定难道不行吗?
快点来一起制作帅气的网站吧。

Wakaba 酱, 制作一个网站, 是想用来干嘛呢?

啥? 这种事情突然被问到, 我也不知道哟。

你莫不是把"制作网站"当成了目的? 制作网站原本只是
达成目的的一种手段呀。

 达成目的的手段有很多

比如，你是一个糖果公司的营销人员，如果想让一款新上市的巧克力被更多的人知道，可以怎么做？

是这样的吗？

目的
让更多的人知道新上市的巧克力

手段
制作能传递商品魅力的网站

目标
一周卖出5000个

其他呢？除了制作网站，应该还有其他办法哟。

目的
让更多的人知道新上市的巧克力

手段
制作能传递商品魅力的网站

在推特（Twitter）等平台上运营SNS账户

在电视、广播上投放广告

在报纸上投放广告

通过电子邮件发送广告

增加销售此巧克力的门店

目标
一周卖出5000个

这样想一想，除了制作网站，还真的有很多其他办法哇。

网站只是一种"手段"而已。首先要有目的，为了达成此目的，将"网站"作为一种效果比较好的实现手段，然后再开始制作网站。

下面介绍几个目的不同的网站类型，在制作网站时可以参考

大部分网站，都是先明确目的再制作的。为了达成目的，会追求最适合的形式，所以在一定程度上就会形成一定的模型特征。例如刚才"传播新上市巧克力魅力的网站"，其目的是"提升商品的知名度"，这种就是"宣传网站"。

另外，还有提升销售额的"电子商务网站"，传递公司信息的"企业网站"等。根据目的不同，会有各种类型的网站。

下面我们就来学习几个可以实现不同目的的网站类型。

▼提升商品或服务知名度的"宣传网站"

▼提升品牌形象的"品牌网站"

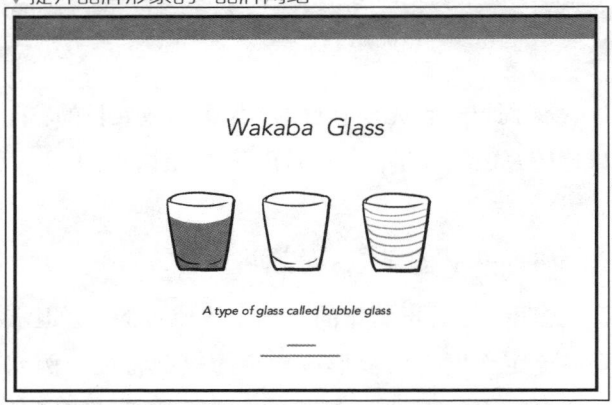

▼在网络上销售商品或服务的"电子商务网站"

▼希望客人到店的"店铺网站"

1
策划～制作什么样的网站，取决于策划哟～

2
3
4
5
6
7
8

▼传递公司信息的"企业网站"

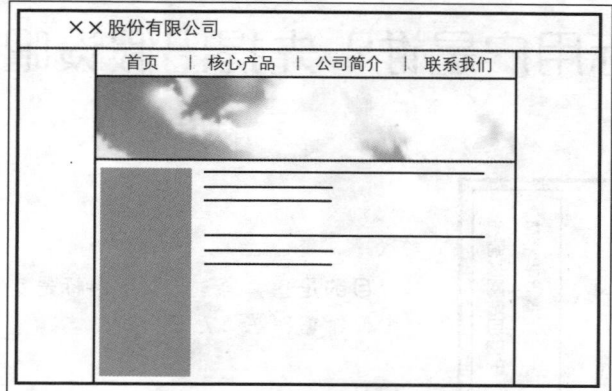

的确，与"不经思考制作出来"的网站相比，"明确目的后再制作出来"的网站能吸引更多的目标群体。

对了，Wakaba 酱，你制作网站的目的明确了吗？

对哦！我的目的就是把原创商品卖出去！
我自己做了一些商品，但是完全没有销量。
目标嘛，嗯，第一个月的销售额达 2 万日元。

Wakaba酱的目的	售卖原创商品
目标	第一个月销售额达 2 万日元

目的已经明确了，那就赶紧进入下一步吧。

02 目标用户是谁？先提出假设吧

1
策划～制作什么样的网站，取决于策划哟～

目的是售卖原创商品，目标是第一个月销售额达 2 万日元。

网站的目标用户都是些什么人呢？用户的人群特征如果没有明确就开始制作的话，网站很容易就会成为定位不清的茫然网站哟。

为了让目标用户看到这个网站时有"啊，这个网站是为我设计的"这样的感觉，就预先明确一下目标用户吧。

8

目标用户

访问你网站的人将会是什么样的人呢? 在什么样的场景下会使用这个网站呢? 来这个网站做什么呢?

设定目标用户, 可以明确这个网站的定位——此网站是为谁设计的, 提供什么, 然后才有可能成为抓住来访人的好网站。

试着把目标用户具体化

考虑一下什么人, 在什么场景下使用我的网站, 对吧? 话虽这么说, 但是该怎么思考呢?

这个时候就要这么做! 用 "6W1H" 思考框架试试吧。

▼6W1H

6W1H	含义
Who	网站是为谁做的
When	他什么时候用这个网站
Where	在哪儿用这个网站
What	这个网站提供什么
Whom	谁来提供
Why	为什么要用这个网站
How	怎么用这个网站

HTML 酱, 6W1H 没有具体的示例吗? 如果有具体示例的话, 思考起来会更容易一些哟。

这样吧, 我们一起来看一下 "用漫画学会 Web 设计" 这个网站的 6W1H 吧。

▼网站版"用漫画学会 Web 设计"的 6W1H

这种人是
目标用户

想学习 Web 设计

但是，找找相关书籍，
就会因为书里全是代
码而有"好难啊，学不
下去"的感觉。

为什么？

- 未来想成为互联网产品经理
- 是 Web 相关企业的销售人员，需要多少
  知道一些 Web 的知识
- 突然被任命为公司的 Web 负责人，等等

6W1H	含义	假设
Who	网站是为谁做的	想学习 Web 设计，但是会被技术类书籍困住而无法前行（想学习 Web 设计的学生，在 Web 相关企业中工作的销售人员，突然被任命为 Web 负责人的人）
When	他什么时候用这个网站	搜索自己不懂的 Web 设计相关词语的时候
Where	在哪儿用这个网站	上班和上学的路上，在地铁上用手机，回家之后用家里的电脑
What	这个网站提供什么	用四格漫画快乐地学习 Web 设计的内容
Whom	谁来提供	互联网产品经理凑川爱
Why	为什么要用这个网站	想知道 Web 设计相关单词的意思和专业知识
How	怎么用这个网站	"CSS 外部式"是什么？搜索"CSS 外部式"→在搜索结果中会有"CSS 外部式？行内样式？用漫画学会 Web 设计"这篇文章→漫画的话会比较容易理解！也看看这个网站的其他文章吧

◆ 设定目标用户，就是明确什么人会多次使用这个网站

　　在设定目标用户时，经常容易有"20 多岁的女性"这样模糊的描述。所有 20 多岁的女性，真的会有相同的思考方式、生活方式吗？虽然都是 20 多岁，但有各种群体，如本科生、专科生、公司职员等。全

国 20 多岁的女性都有共同的兴趣、共同的行为几乎是不可能的。

　　目标用户设为"20 多岁的女性"，结果就会是"在全体 20 多岁女性中不受欢迎"。目标用户太泛化，就会使"怎么推销，推销什么"这件事变得很不聚焦。

　　所以需要了解自己目标用户的思考方式和生活方式。"那些人的兴趣是什么？""周末怎么度过的？""会分享的开心的事是什么？""有烦恼吗？平时不安的事情是什么？""什么样的性格？穿什么样的衣服？"试着想得更具体一些吧。

　　例如，设定"用漫画学会 Web 设计"的目标用户的切入口是这样的。

	有兴趣 （或者是工作或学习需要）	没兴趣
对网站制作	♪ ☺	···
追求的级别	提升到专业级	首先制作简单的网页 学习基本知识
选择的类型	有很多插图， 可以感性地学习的书	以文章为主， 严肃地学习的书
对漫画和动画 的状态	经常看	几乎不看 ✕

　　怎么样？你与这个人群相符合吗？设定好目标用户，讲给朋友和家人听一听，如果大家说"我可能就是这样的呀！""嗯嗯，有这样的人"，那么这个目标用户人群的设定就是有效的。

要考虑到真实存在的人和场景，对吧。
那，我也用 6W1H 来思考一下我自己的原创商品网站！

▼网站版"Web 相关商品 Wakaba Shop"的 6W1H

这种人是目标用户

有一个朋友，他的工作与 Web 相关

想送他一个礼物，但是送什么他会喜欢呢？

6W1H	含义	假设
Who	网站是为谁做的	想给互联网产品经理送礼物，但不知道送什么好的人
When	他什么时候用这个网站	当他考虑"送什么给那个互联网产品经理呢？"的时候
Where	在哪儿用这个网站	电脑或手机
What	这个网站提供什么	这个店里独有的、印有独特 Web 相关图案的 T 恤、马克杯
Whom	谁来提供	将要成为互联网产品经理的 Wakaba 酱
Why	为什么要用这个网站	想知道互联网产品经理喜欢什么样的东西，遇到适合的想买下来作为礼物送给他
How	怎么用这个网站	今年他过生日送个礼物吧→他是个互联网产品经理呀→搜索"互联网产品经理礼物"→找到 Wakaba Shop →购买

向谁，提供什么，都已经清楚喽，很不错嘛！

目标用户认真设定好了，进入设计阶段的时候，就不会再迷茫了。

03 制作架构图

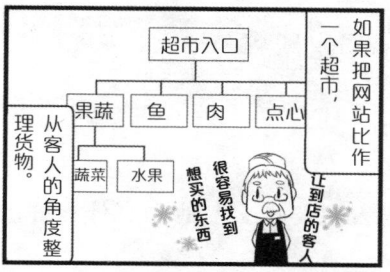

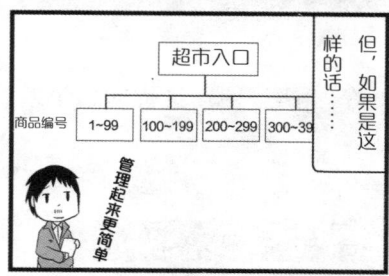

来网站的人（目标用户），是在寻求某种信息或是体验。

如果来到网站后完全不知道在哪里能找到什么，就会因感到不适和压力而快速离开。

这时，就该"架构图"出场了。

为了让目标用户不迷惑，请准备好最适合的切入点。

为什么一定要有架构图?

架构图一般是根据用户需求而建立的。当用户进入网站后,为他们提供最适合的切入点,便于他们迅速找到所要寻求的某种信息或体验,提升网站的访问性能。

> 通过画出网站整体的架构图,可以清楚网页的内容及其必要程度。

明确目标用户的需求

首先,请思考一下来这个网站的人想要什么? 他们有什么样的疑惑?

例如: 电影宣传网站的架构图如下。

▼例: 新电影宣传网站

目标用户的需求	对应的切入点
这个电影讲的是什么?	故事
演员都有谁?	演员阵容
导演是谁?	演职人员
哪个电影院可以看到?	上映电影院

> 从来访用户的视角考虑就好,对吧。那,这样的感觉怎么样?

▼例: Wakaba 酱关于 "Web 相关商品 Wakaba Shop" 的思考

目标用户的需求	对应的切入点
推荐商品是什么?	Wakaba 酱的推荐
Wakaba 酱的日常生活	Wakaba 酱的博客
想看 Wakaba 酱的盆栽	盆栽介绍

> Wakaba 酱,这些真的是目标用户的需求吗?

 我在写博客，这些人难得来，就想让他们看一下。另外做盆栽是我的个人兴趣，也想展示一下。

 呃，这只是从自己的视角考虑啊。
这样就与超市里不知道什么东西放在哪儿一样啊。
那些来"Web 相关商品 Wakaba Shop"的人，原本是想来看盆栽的吗？

 嗯，的确，目标用户中这种人会比较少。

 再重新看一下 6W1H，尽可能真实地想象一下目标用户的"人物画像"。这样的话，应该会找到比较好的切入点。

▼例：Wakaba 酱关于"Web 相关商品 Wakaba Shop"的思考（改良版）

目标用户的需求	对应的切入点
有什么样的物品？	商品列表
是谁？用什么样的理念做的？	网站介绍
咨询方式有哪些？	咨询入口

设定先后顺序

下面，就要设定信息的优先顺序了。同时思考一下网站的目的和目标用户想要看到的东西，给刚刚想出来的切入点设定好先后顺序。通过设定优先顺序，就可以确定这些切入点在网页中的位置和所占的面积。

先后顺序	切入点
1	商品列表
2	网站介绍
3	咨询入口

制作网站的架构图

用树状图来制作网站的架构图。

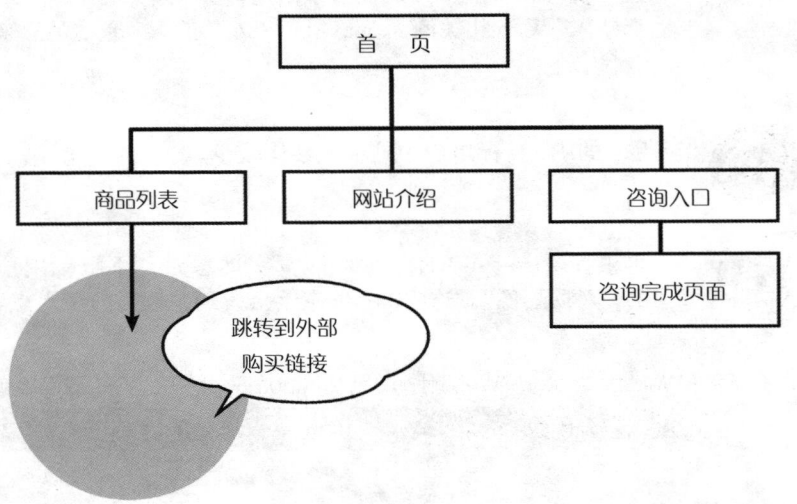

Web 相关商品的 Wakaba Shop

这样，就可以明确地知道制作网站具体需要哪些页面了。

04 制定计划

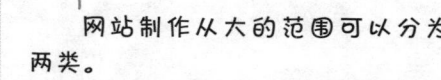

　　网站制作从大的范围可以分为两类。

　　一类是接受客户委托而制作的网站。

　　另一类是制作与升级公司内部的网站。

　　无论哪类网站开发，都有一些共同的东西，那就是"在截止日期之前上线，且功能满足运营需求"。

　　一个网站的制作会涉及很多人，从需求的委托方，到产品经理、UI设计师、开发工程师、测试工程师、项目经理等角色，是由一群专业性很强的人组成的一个团队。

　　根据项目的种类、规模等，团队的构成也不尽相同。也有从策划到开发只有少数几个人的情况。

给即将开始制作的网站做个计划（排期）

　　知道网站整体的框架后，就可以开始制定开发计划了（这个过程也叫做"排期"）。这时可以参考"WBS"这种制定计划的方法。

▼排期示例

名称	工期	开始	结束
□架构阶段	1天	02/22/2019	02/22/2019
网站架构图制作	1天	02/22/2019	02/22/2019
□设计阶段	6天	02/25/2019	03/04/2019
设定基调与风格	2天	02/25/2019	02/26/2019
制作线框图	1天	02/27/2019	02/27/2019
实现设计	3天	02/28/2019	03/04/2019
□开发阶段	11天	03/05/2019	03/19/2019
图片素材的准备、编辑	3天	03/05/2019	03/07/2019
写程序（HTML）	4天	03/08/2019	03/13/2019
写程序（CSS）	4天	03/14/2019	03/19/2019
□测试阶段	1天	03/20/2019	03/20/2019
测试	1天	03/20/2019	03/20/2019
□发布阶段	2天	03/21/2019	03/22/2019
上传到服务器	1天	03/21/2019	03/21/2019
微调	1天	03/22/2019	03/22/2019

◆ WBS是什么？

　　WBS（工作分解结构）是"Work Breakdown Structure"的首字母简称，每个单词的含义如下：

- 项目中的所有工作（Work）
- 被拆解后的（Breakdown）
- 结构图（Structure）

　　只是"网站制作"一句话，并不能明白到底从何处着手比较好。这里，制作流程可以大致分为：

网站制作
　　└--- 架构
　　└--- 设计
　　└--- 开发
　　└--- 测试
　　└--- 发布

　　有了这个，就会对网站制作的流程有一个基本概念了。然后，把任务进行拆解，并明确每项任务的排序与时间安排。

> 并不是想到一个任务就把它列在那里，而是按照从上到下的顺序一一明确任务，这样就可以减少遗漏。

> 有些比较大的网站制作项目，任务数超过 100 个！
> 即使是很大的团队一起开发，如果有 WBS 这样可以以天为单位明确开发计划的排期安排，也可以顺利地推进开发进度。

制作计划的工具——Gantter

　　示例中的计划表是用 Gantter（甘特图）这种免费的计划制作工具实现的。

◆ Gantter的优势

　　Gantter 有以下几项优势：

- 操作简单
- 可以与在线云存储服务 "Google Drive" 联动
- 计划表可以与其他用户共享

◆ 试着用一下Gantter

　　请按照以下顺序，操作 Gantter。

　　① 打开 Google Drive (https://drive.google.com/drive/)。

　　② 用 Google 账户登录[1]，会看到下面的画面。点击 "新建"（1），选中 "更多"（2），点击 "关联更多应用"（3）。

---

① 译者注：在国内链接 Google 服务器，需要用到 VPN 服务。

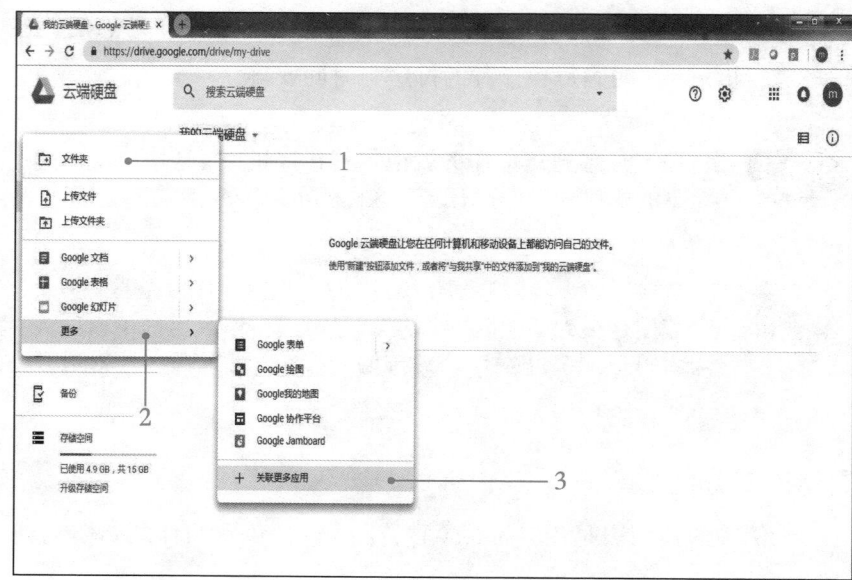

③ 在右上方搜索框中输入"gantter"（1）。

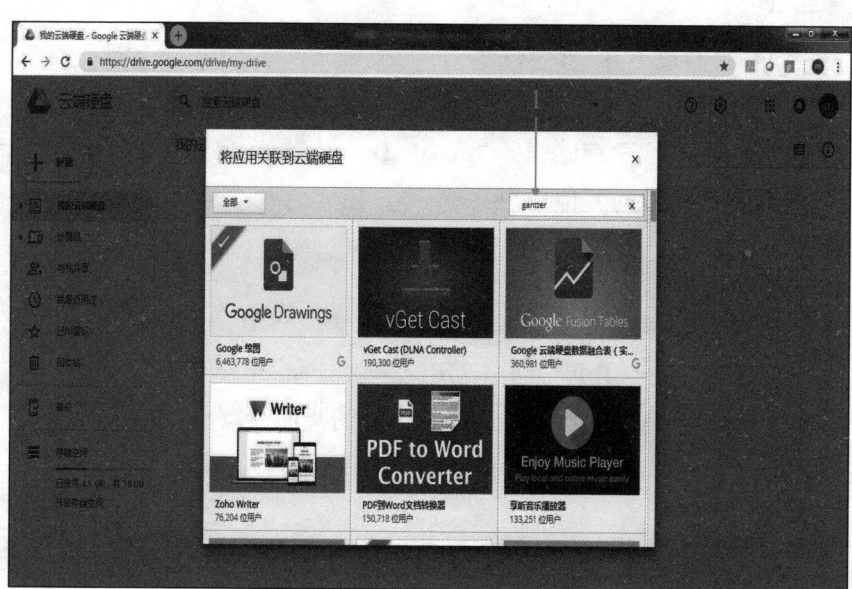

④ "Gantter for Google Drive" 就会出现在列表中，点击"关联"按钮（1）。

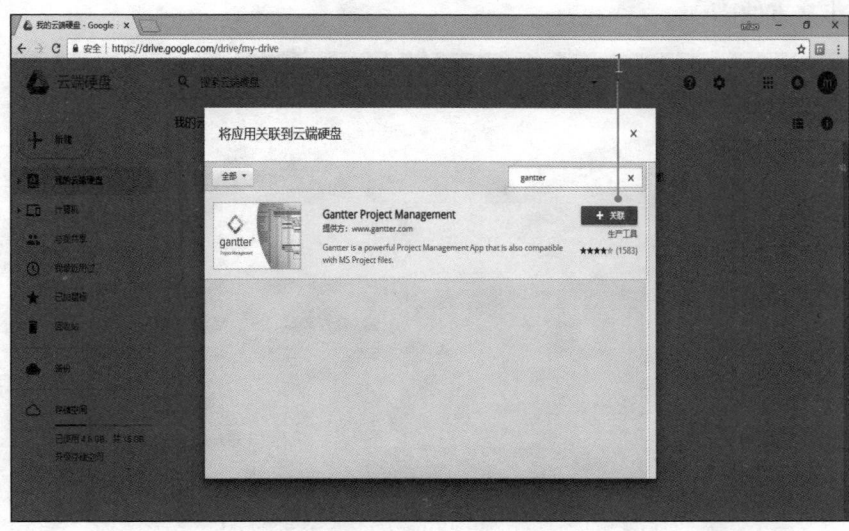

⑤ 返回 Google Drive 首页，点击"新建"（1），查看"更多"（2）。点击已添加的"Gantter for Google Drive"（3）。

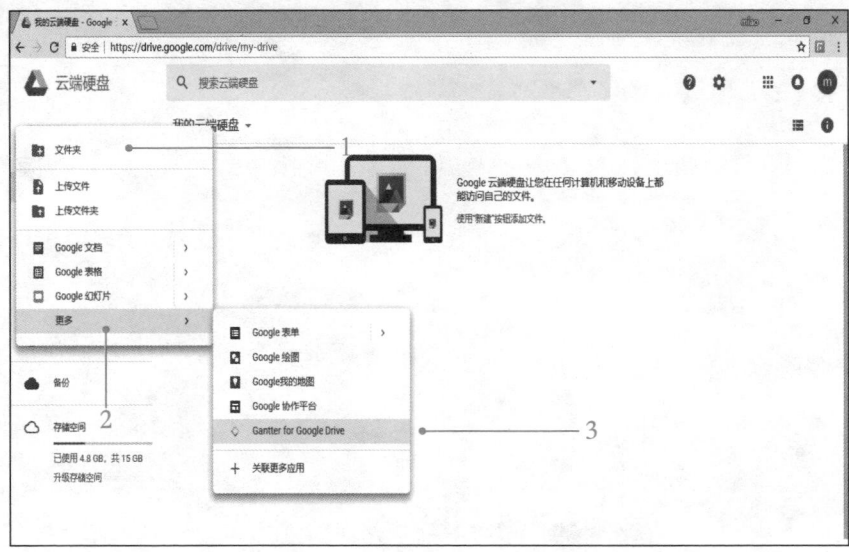

⑥ 在任务列表中填入任务名、开始时间与结束时间。制作好的
Gantter可以保存在 Google Drive 上，并且可以和团队的其他小伙伴共享，
非常方便。

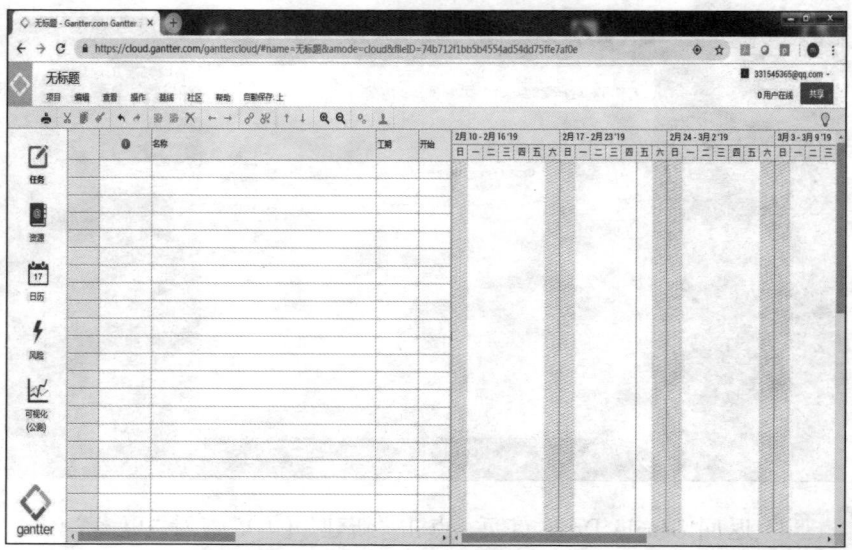

1
策划～制作什么样的网站，取决于策划哟～

市场营销，就是"创造一种能顺利把商品卖出去的结构"。我们平时看到的商品，一定都经过了市场营销这个过程。点心、洗发水、汽车等商品都是经历了市场营销过程才生产和发售的。

市场营销说起来简单，实际上却有着非常复杂的层次，其大致流程如下：

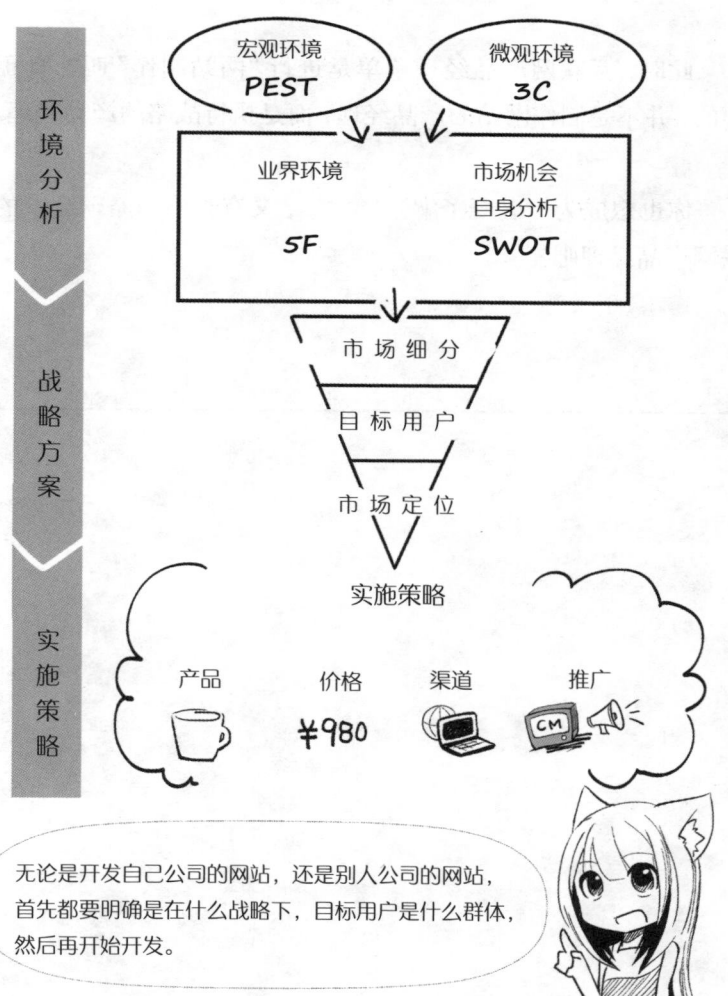

无论是开发自己公司的网站，还是别人公司的网站，首先都要明确是在什么战略下，目标用户是什么群体，然后再开始开发。

1
策划～制作什么样的网站，取决于策划哟～
2 3 4 5 6 7 8

1
策划~制作什么样的网站，取决于策划哟~

首先，使用 PEST、3C、5F、SWOT 这样的思考框架反复进行如下思考："在什么样的市场下，有什么样的需求？""我们的产品能提供的核心价值是什么？"然后，制定"利益最大化"的战略方案，再细化产品的特征、价格、渠道，以及和推广相关的具体策略。其中，如果有"通过网络"这样的策略方案，就该互联网产品经理出场了。

此时，互联网产品经理单单是进行"网站制作"吗？真正需要的，并不是制作网站的产品经理，而是执行战略的产品经理。

你也想成为一名既了解市场营销，又有整体战略理解力的互联网产品经理吧？

2

设计

~让设计与策划相配~

PHP

JavaScript

CSS

HTML

05 先画线框图

建造一栋房子时，如果没有设计图，就不知道该怎么建，从而陷入困局。

网站也一样，首先需要有被称为"线框图"的网站设计图。

什么都不思考就进行的设计，后续会花费大量的时间修改。

提前做好设计图，就可以避免"菜单项不够""缺少必要的按钮"等状况。

在多人协作进行网站开发时，线框图也很有帮助。

一边展示线框图，一边沟通，可以和客户磋商确认最终的完成图，也可以激发新的创意与想法。

另外，和程序员一起开发网站时，事先沟通好网站所需要的功能也非常重要。

与事后告诉程序员"我想要的是这样的功能"相比，提前共享并确认线框图，对程序员而言更友好，也更方便开发。

线框图要尽可能简单

线框图，就是把网站的页面布局画下来的图。不考虑配色、装饰等 UI（User Interface，用户界面）设计问题，只是确定把什么元素放在什么位置上。

为什么不能把配色、装饰等 UI 考虑在内？

如果一开始就把视觉化的设计考虑在内，那么真正想让用户看到的功能就可能会受到干扰，甚至有可能会造成对网站的操作简易性考虑不足。
请专注于网站目的的达成而进行线框图制作。

Web 相关商品的 Wakaba Shop 的线框图

按照第 03 节制作出来的架构图，确定在什么位置放入什么元素。

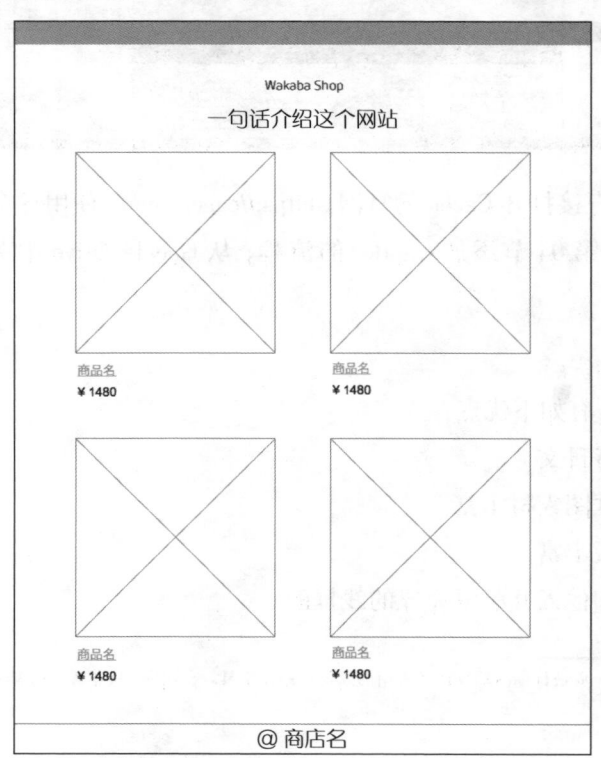

线框图在线制作工具——Cacoo

　　线框图可以手绘在纸上，但是，当页数较多，需要共享的人数也较多时，还是数字化的比较方便。

　　这里推荐 Cacoo[①] 这个工具，它可以在线画图，还可以与人共享。打开 Cacoo，只需通过"拖动"和"删除"就可以方便地画好线框图。

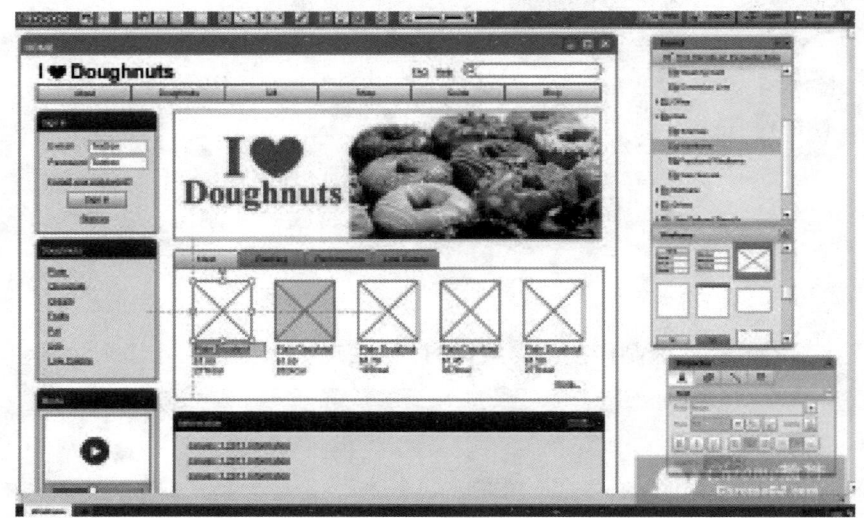

　　可以直接打开 Cacoo 的官网（https://cacoo.com/）使用这个工具，也可以按照第 04 节添加 Gantter 的流程，从 Google Drive 中关联 Cacoo 后使用。

◆ Cacoo的优点

　　Cacoo 有如下优点：

- 支持日文
- 线框图素材丰富
- 模板丰富
- 能和他人共享已完成的线框图

---

① 译者注：Cacoo 是日本网站设计者常用的线框图制作工具。在国内，从业者多用 Mockplus、Sketch、Axure 等。

06 用图片编辑软件进行设计

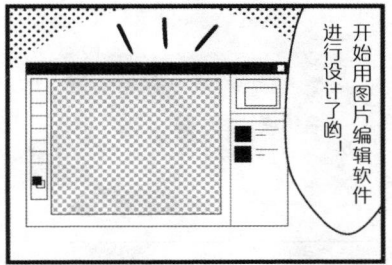

开始用图片编辑软件进行设计了哟!

业界使用的主流图片编辑软件有 Photoshop、Fireworks 和 Illustrator。

做好啦!

做自己喜欢的设计，超开心的哟!

这个网站的目标用户是谁?

给 Web 相关工作的人找礼物的那些人。

但是，设计肩负某个目的的网站，要考虑到目标用户的存在和需要达成的目标值。

那做的设计要符合目标用户的审美呀!

呜呜～

我，我知道的啦，你不要哭了!

"目标用户是什么样的人？他们来这个网站想得到什么？"在网站设计过程中，这些问题需要在大脑中反复思考。

设计的作用

设计的作用大致可分为两类。

◆ 风格明确，但是很难用的网站

例如有一个外观和目标用户很匹配的网站，但如果找不到返回首页的按钮，不管外观看起来多么漂亮，用户也不会在这里逛游。

◆ 简单易用，但风格不对

例如有一个很容易在网页间进行跳转且简单易用的网站。然而，不考虑它是一个高级珠宝的网站，为了提升销售额而写上大大的、用红色和黄色来引人注目的"SALE"字样，会怎么样呢？品牌形象一下就会崩塌了吧。

所以说，简单易用，风格恰当，两者兼具才是好的设计。

让网站简单易用

为了让网站简单易用，具体怎么做才比较好呢？有以下几个代表性的设计规则可以作为参考。

◆ 分组

　　如下左图，价格到底是上面那个商品的，还是下面商品的呢？看上去两种说法都可以。

　　优化方法是，把同一组的元素聚合在一起，不同组的元素之间的间距放大一些。这样，就很容易看出价格是哪个商品的了，如下右图。

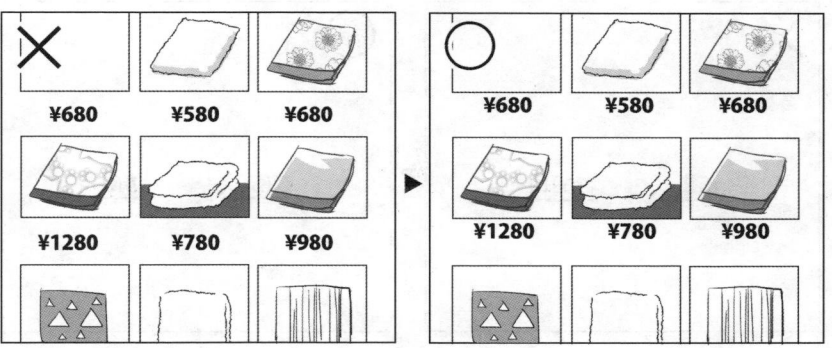

◆ 明确父子关系

　　如下左图所示，完全没有逻辑结构，读起来很费劲。如果能把一级标题、二级标题、三级标题表示清楚，用户就能很轻松地读懂逻辑结构了，如下右图。

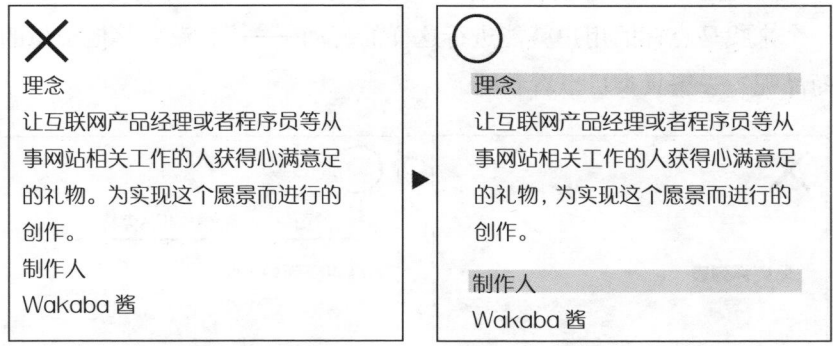

◆ 遵从既有习惯

　　适用一些社会上已广泛接受、我们已经非常习惯的设计。比如，标有红色的水龙头是出热水的，空调遥控器上向上的箭头是调高温度的，等等。

返回键、前往键也是其中一例。再如音乐播放器回放的按键，大多都是左箭头。如果把这个习惯反过来，将返回键设置为右箭头，就会出现"去不了预想中的那个页面，有违和感"这样的状况。

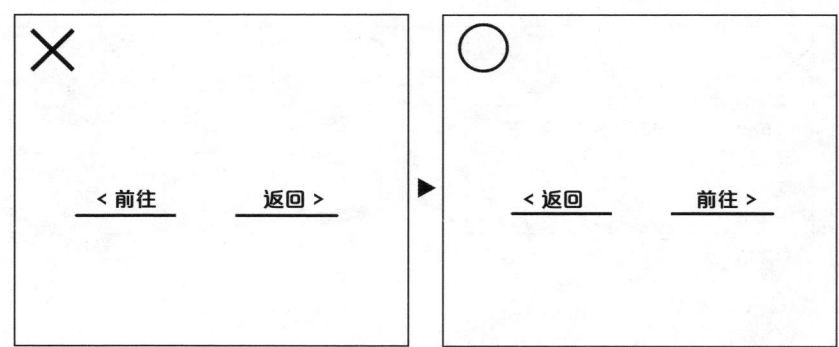

◆ 设置导航栏

并不是所有的用户都从首页一步步访问下来，也有可能突然打开某个商品页面。对用户而言，这就像第一次进入一家商店。此时，我们就需要向用户展示"你现在在哪里？周围有什么？"这样的信息。

实现这个功能的就是被称作"面包屑"的导航栏。有了面包屑，一个来找马克杯的用户就能进行这样的行动——"有没有其他类似的商品呢？去餐具类目里看看吧。"

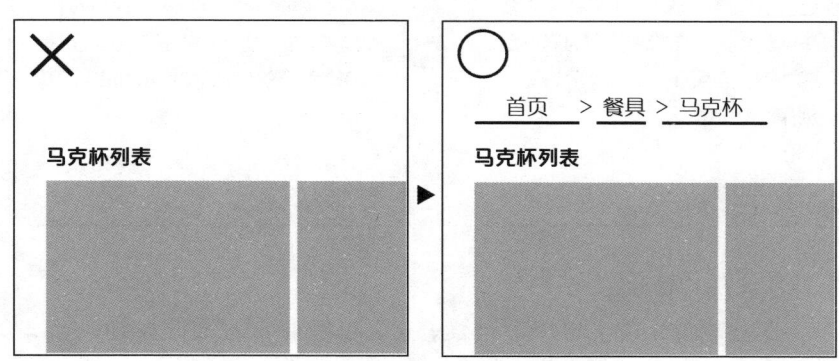

展现风格

风格，在设计界被称为基调与风格。

◆ 基调与风格，具体指的是什么呢?

设想有一台自动售货机，碳酸饮料的包装令人感到清爽，橙汁包装盒上有一种果汁都要溢出来的感觉，健康茶是被温柔的地球色包裹着……但是如果这些饮料只是用透明的塑料瓶装着而没有任何包装，大家就不会产生"看起来好好喝呀""真想喝一口尝一尝"的感觉了吧。

关于基调与风格，Apple 经常被当作成功的典范。当被问到"你对 Apple 有什么印象"时，我想大部分人都会有"先进、美、简洁"等一致的印象。Apple 就是企业想要传递的品牌形象、价值得到完美传递的典型例子。

◆ 明确基调与风格的方法

基调与风格可以通过下面两步来明确。

• 提炼商品的特征
• 列出想让用户拥有的印象

在第一个阶段，要细致地提炼出商品所具有的特征。例如，对 Wakaba Shop 而言，可以提炼出以下特征。

• T 恤或马克杯这样的日常用品
• 面向 Web 相关从业者
• 男女通用

在第二个阶段，思考每个特征所展现出来的格调。

• T 恤或马克杯这样的日常用品 → 朴实无华
• 面向 Web 相关从业者 → 扁平化设计
• 男女通用 → 中性色

以此为基础来思考配色与设计细节。

关于Wakaba Shop | Wa
file:///D:/Chinese/完成版/about.html
TOP
ABOUT
CONTACT
关于Wakaba Shop
商店名
Wakaba Shop
管理人
Wakaba
理念
展示互联网产品经理们曾想到过，看到就能一下子引起共鸣的商品。
可以自用，也推荐作为礼物送给从事Web设计和开发的人。
邮费·支付方式
本店的支付·邮送委托相关服务商。商品不同，具体情况可能会有所不同，请您在购买与支付时核实具体情况。

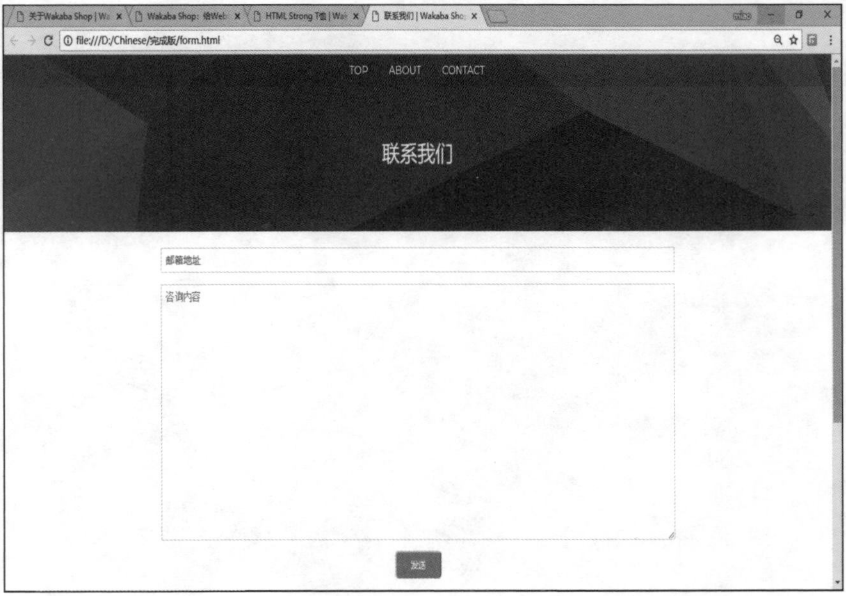
关于Wakaba Shop | Wa
Wakaba Shop：给Web
HTML Strong T恤 | Wak
联系我们 | Wakaba Sho
file:///D:/Chinese/完成版/form.html
TOP
ABOUT
CONTACT
联系我们
邮箱地址
咨询内容
发送

3

HTML

~贴上文章和图片，制作网站内容吧~

07 网页在互联网上可见的底层逻辑

平时，很享受在电商网站和社交网站上的闲逛……

仔细想想，互联网还真是不可思议呀。

实际上，在互联网上闲逛时，你的电脑在和某一台 Web 服务器连接着。全球有无数台 Web 服务器，在需要的时候向你的电脑传输数据。

3 | HTML～贴上文章和图片，制作网站内容吧～

Web 服务器在向网页传送数据

假如你想看"人气商品排行榜"这个页面,就需要有"商品图片"和"商品详情"这样的数据。此时,互联网上进行着怎样的数据请求与交互呢?

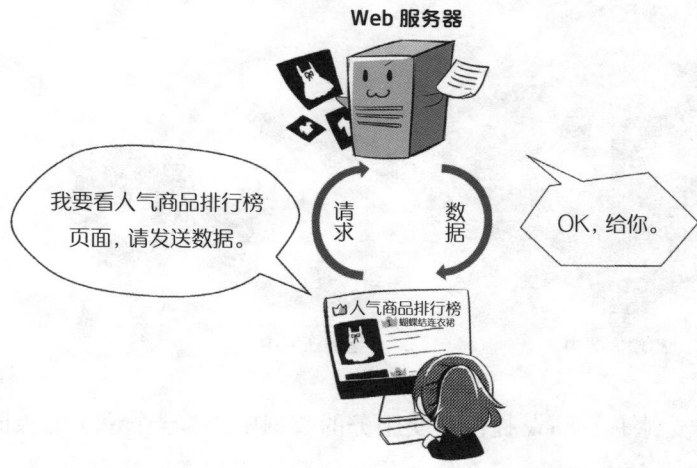

首先,通过网络找寻拥有所需数据的 Web 服务器。找到之后,向此服务器发出"请给我发送这个数据"的请求。最后,Web 服务器会把请求的数据发送到你的电脑上。

通过这样的数据交互过程,网页就显示出来了。

访问新页面的时候,向 Web 服务器发送请求,服务器返回图片、文本等数据。

平时都没有意识到,原来这个过程反复进行,我们就可以享受网络冲浪了。

Web 服务器在哪儿?

Web 服务器分布在世界的各个地方。你上网时所连接的那台服务器,有可能在被称为"数据中心"的服务器部署地,也有可能在普通住宅中。

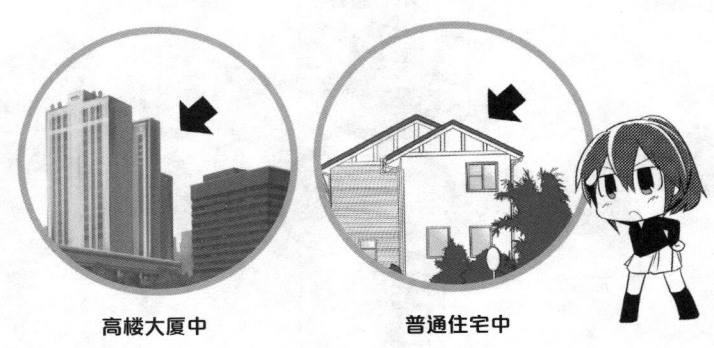

高楼大厦中　　　　　　　普通住宅中

例如,支撑 Facebook 提供社交服务的数据中心,一个位于北极圈以内的北瑞典的森林里,一个位于美国俄勒冈州的高地沙漠中(截至 2016 年 4 月)。为了存储几亿用户发布的海量图片和文章,需要大量的 Web 服务器和广阔的土地面积。我们在 Facebook 上看到的朋友的照片,就有可能是从海外的服务器中传送过来的。

08 HTML 是什么?

　　1989 年的瑞士,在一个有几千名科学家工作的大型研究机构 CERN(欧洲核子研究组织)中,因为人数太多,出现了"相互之间不了解研究状况""找不到相关资料"等问题。

　　因此,蒂姆·博纳斯·李为了整理信息而开发出了 HTML。他把用 HTML 写好的文章放到 CERN 成员可以使用的服务器上,这样大家就能很快地查到所需要的信息。

　　同时也有跳转相关文章的超链接功能,这对科研工作者而言很有帮助。现在看来,网络冲浪的始祖就此诞生了。

大部分网页都使用 HTML

　　HTML,超文本标记语言,是 Hyper Text Markup Language 的缩写,也是网页制作所使用的基础标记语言。我们平时所看到的网页,大部分都使用了 HTML。

◆ 尝试看一下 HTML

　　打开你经常看的新闻网站或网店,在任何一个页面,点击右键,再点击弹窗中的"查看网页源代码(V)"。

点击右键,选择"查看网页源代码(V)"

左侧竖排：3　HTML～贴上文章和图片,制作网站内容吧～

哇！英语出来啦！

这是 HTML 的源代码哟。
浏览器（浏览网页的软件）会把从 Web 服务器传来的
HTML 源代码转变成方便人们阅读的形式。

HTML 能做的事

　　HTML 能做的事，主要是文章的结构化和超链接。下面，让我们
具体地看一看吧。

◆ 文章结构化

　　HTML 中的 M 是 markup，就是贴标记的意思。贴标记是用 "<>"
括起来的，被称为标签的记号。

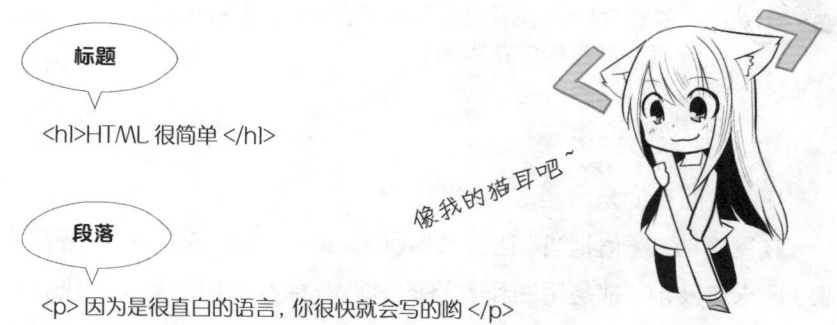

标题

<h1>HTML 很简单 </h1>

像我的猫耳吧~

段落

<p> 因为是很直白的语言，你很快就会写的哟 </p>

　　"这里是标题""这里是段落"，把不同类型的内容用标签做上标记，
就可以把网页做出来了，像书中的一页内容那样。

如果知道 HTML 最初的作用是整理研究机构论文的话，
会容易理解一些。

◆ 超链接

　　如果文章中有链接,点击此链接就会跳转到链接所指定的网页,这个功能叫做"超文本链接(Hyper Text Link)"。

详情在这里

点击链接就可以飞到想要去的那个页面。
这个功能现在看来很理所当然,但在HTML刚面世的时候,真的是超棒的技术哦。

请注意适当的标记

　　HTML 的目的是向阅读文章的人和程序正确地传递文章内容。

　　在网页的"颜值担当"语言 CSS(Cascading Style Sheets,层叠样式表)还未普及前,都是用制作表格的 HTML 标签对图片和文字进行版面设计的(关于 CSS,参考第 19 节的内容)。如此,本来不是表格的数据,在 HTML 中也都被说成"这个是表格哟"。

商品名	价格
裙带菜	110
扇贝	180

记住哟，把页面的颜值交给CSS，用HTML来实现文章的结构布局。

正确进行标记的好处

正确地进行标记，具体有什么好处呢？

◆ 成为任何环境中都可用的万能数据

在呈现网页的软件中，有的是把文字信息读出来。这种软件在读取标题时，会通过一个提示音向用户传递"这里是标题哟"。这时候，如果没有把标题标记出来，网页的内容看起来就会比较混乱。

而且近年来，手表型终端和游戏机上也开始可以浏览网页。正确地进行标记，可以让页面的内容成为适配电脑、手机，乃至尚未出现设备的高扩展性数据。

◆ 与 SEO（搜索引擎最优化）有关系

好不容易做出来的网站，在 Google 和 Yahoo 这样的搜索引擎上搜索时，如果能在靠前的位置上显示出来，应该会有很多人点击（关于 SEO，参考第 38 节）。为了让你开发的网页能在搜索结果中显示出来, 就需要让搜索引擎的自动信息搜集程序"爬虫"找到你的网页, 收集并记录网页上的内容。

如果标记错误, 会导致什么样的后果呢? 搜索的人想要的信息也许会展现在搜索结果页, 但这个搜索结果不能传递有价值的信息, 或者可能会展示在搜索结果很下方的位置, 这样就很影响这条搜索结果的点击。

正确的标记可以向爬虫传递文章的结构信息, 这样搜索结果就可以直接展示出你想传达的信息。

正确标记的文章, 不仅对人, 对爬虫的阅读体验也更友好。

HTML5 是什么?

HTML 有 HTML5、HTML4 等几个版本, 不同版本可用的功能和规则有所不同。

HTML5 在 HTML 的历史版本上, 添加了更方便的功能, 同时也变更或废弃了一些规则。

◆ HTML5 的优势与劣势

HTML5 的优势, 有以下几点:

- 可以更清晰地标识文本结构
- 格式化文本更简单
- 炫酷的新功能(如可以嵌入动画与音频)

相反, HTML5 的劣势有:

- 尚未适配所有浏览器的全部版本

本书是用 HTML5 来讲解网页制作的。

09 迎接 HTML 的准备工作

用 HTML 制作网页的准备工作做起来。

"难道要用特别的软件？"

不是不是，不用担心，需要准备的只是两个简单的软件。

第一，用来查看网页效果的软件"浏览器"。

第二，制作文本文件的软件"文本编辑器"。

1
2
3 HTML～贴上文章和图片，制作网站内容吧～
4
5
6
7
8

必要的只有两个软件

听到"制作 HTML 文件",很多人觉得会需要特别的软件,实际上,使用很常见的免费软件就可以实现了。

◆ 浏览器

在电脑上搜索不理解的词语、网购、看新闻时,你用的软件就是浏览器。主要的浏览器有:

- Internet Explorer
- Edge
- Safari
- Google Chrome
- Firefox

无论哪个浏览器,都可以展示开发中的网页,进而验证网页的功能。本书使用携载丰富开发者工具的 Google Chrome 来进行网页开发。Google Chrome 可以从 Google 官网上下载。

- https://www.google.cn/chrome/

 浏览器会对 HTML 的内容进行解析,然后用一种人们容易理解的方式呈现出来。

◆ 下载文本编辑器

很多人应该都用过 Windows 自带的"记事本"这个软件。文本编辑器,可以理解为更加便捷的记事本。

可用于编程的文本编辑器 ① 有很多,其中免费且比较适合初学者的是 Atom 软件,可以从下面的网站中下载。

- https://atom.io/

---

① 译者注:国内编程人员常用的文本编辑器有:Notepad++、PSPad 编辑器、Emacs、Sublime Text3、Vim、TextMate、EditPlus、Gedit、Notepad2、UltraEdit 等。

变更文件名显示设置（仅针对 Windows）

你看到过以下的文件名格式吗？文件名后面有"点号 + 英文字母"：

- 文本文件：记事本 .txt
- Word 文件：报告 .doc
- HTML 文件：test.html
- 图片文件：dog.jpg

点号"."右侧的部分叫做扩展名，只要看到扩展名，就立刻可以知道"这个是文本文件""这个是 Word 文件"……很方便。

但是，有的电脑可能设置了"隐藏文件扩展名"，显示的文件名就会是下面的样子：

- 记事本
- 报告
- test
- dog

这样的话，我们就不知道这一文件是什么类型的文件了。为了让网页制作过程轻快而不受干扰，可以按照如下步骤把文件名格式设置为"显示扩展名"。

① 在 Windows 的开始图标上，点击右键，点击"打开 Windows 资源管理器（P）"（1）。

3｜HTML～贴上文章和图片，制作网站内容吧～

3｜HTML～贴上文章和图片，制作网站内容吧～

② 点击"组织"（1），再点击"文件夹和搜索选项"（2）。

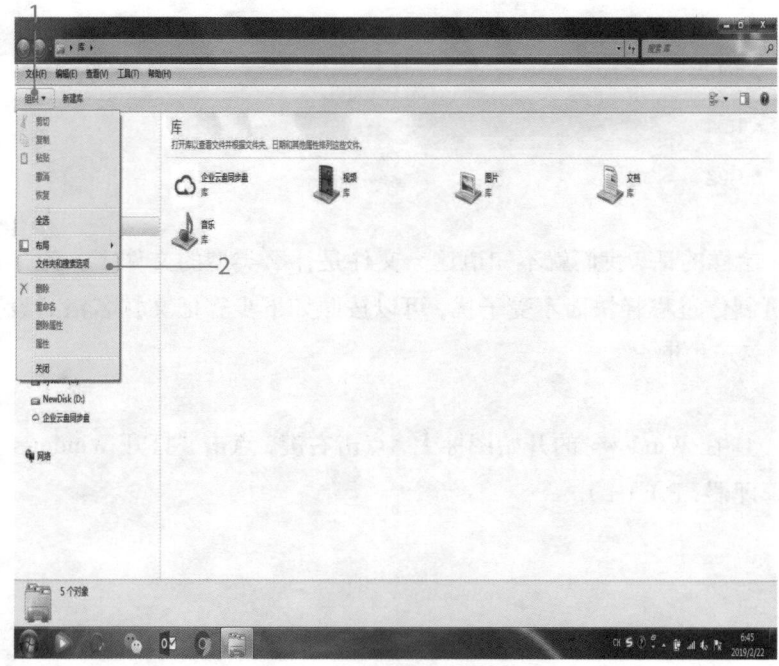

③ 点击"查看"（1），找到"隐藏已知文件类型的扩展名"（2），取消勾选，点击"确定"按扭。

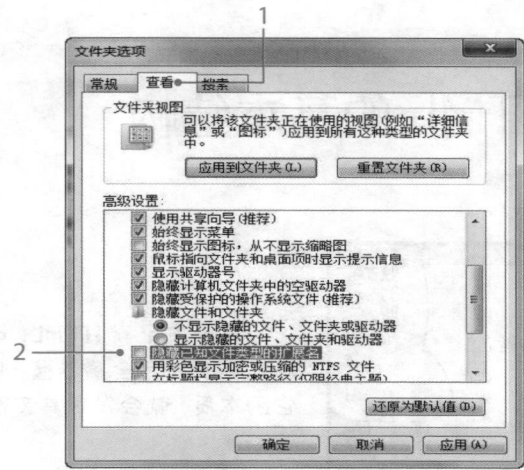

下载示例文件

在本书中，基本都是通过编辑已经做好的网站来学习 HTML 和 CSS 的。

输入前言中提供的网址（或扫描二维码）可以下载练习用的示例。把下载下来的压缩（rar）文件解压缩，放入 Windows 系统的"我的文档"，或 MAC OS 系统的"文件"文件夹中。

这样，迎接 HTML 的准备工作就全部完成了哟。从下节开始，我们就真正开始接触 HTML 了。

专栏 网页开发常用的软件有哪些？

这里介绍一下除了 Atom，在实际的网页开发过程中比较常用的软件。

- Brackets（免费）
- Visual Studio Code（免费）
- Coda（收费）
- Sublime Text（收费）

熟悉了网页开发后，再去找寻适合自己的编程软件也是可以的。

10 HTML 的基本结构

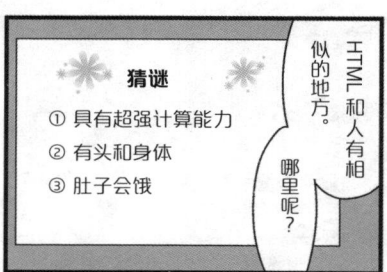

第一次见到 HTML，可能会觉得她像谜一样完全搞不懂，但一旦知道它的本质，就会发现其实很简单。

Head 元素和 body 元素，直译过来就是"头"和"身体"。

互联网上大部分的网页都有"头"和"身体"。

我们要做的网页

我们要做一个名为"Wakaba Shop"的商品网站，上面展示和介绍与 Web 相关的原创商品。完成页面是下面这个样子。

哇哦！这样的页面我也能制作出来呀！干劲儿突然十足起来！

**HTML 有头和身体**

HTML 文件的内部，大致可分为两部分。

源代码		显示结果

```
<!DOCTYPE html>
<html lang="zh">
```

head 元素
```
<head>
  <meta charset="utf-8">
  <title> Wakaba Shop 是什么 </title>
</head>
```

body 元素
```
<body>
<p>
展示一下子就能打动互联网产品经理
的商品。
<p>
</body>
</html>
```

基本上，浏览器的标签栏只显示标题。

Wakaba Shop 是什么　✕

展示一下子就能打动互联网产品经理的商品。

3
HTML～贴上文章和图片，制作网站内容吧～

◆ 记录 HTML文件整体信息的"head元素"

　　"head 元素"内记录着页面的标题、相关联的外部文件（CSS、JavaScript 等）。CSS 可以参考第 19 节，JavaScript 可以参考第 29 节。

　　用浏览器打开，标签栏只显示标题。

◆ 记录 HTML文件内容的"body元素"

　　"body 元素"内，写入的是想在网页上展示的文字或图片。

　　从浏览器上看，就是网页内容。

最简单的 HTML 文件

　　基于以上解释，让我们一起看一下最简单的 HTML 文件。

item01.html　　　　　　　　　　　　　　　　　　　源代码

```
<!DOCTYPE html>        ←声明"这是一个HTML文件哟"
<html lang="zh">            ←所有的元素都包括在HTML元素以内，此处指定语言为
                          中文
  <head>
    <meta charset="utf-8">        ←指定所使用的字体编码（请参考第28节）
    <title> 这里写上标题 </title>  ←显示在浏览器的标签或标题栏
  </head>
  <body>
  这里写上想要展示的文字和图片
  </body>
</html>
```

HTML 文件中最少需要写入这些内容！
怎么样，简单吧?

虽然知道了 HTML 的结构，但完全写出这些内容，还是让人有些畏惧呀。

确实，最开始的难度可能有点儿高。
我也这样觉得，所以准备了方便自己编辑的商品介绍页面，上面只包括页面的基本框架。
这个 HTML 文件也提供给大家，请打开试一试。

试着用文本编辑器打开

现在，马上打开商品介绍页面的 HTML 文件来看一下内容吧。

① 找到已经下载的示例文件，打开"实践用"文件夹（1）。

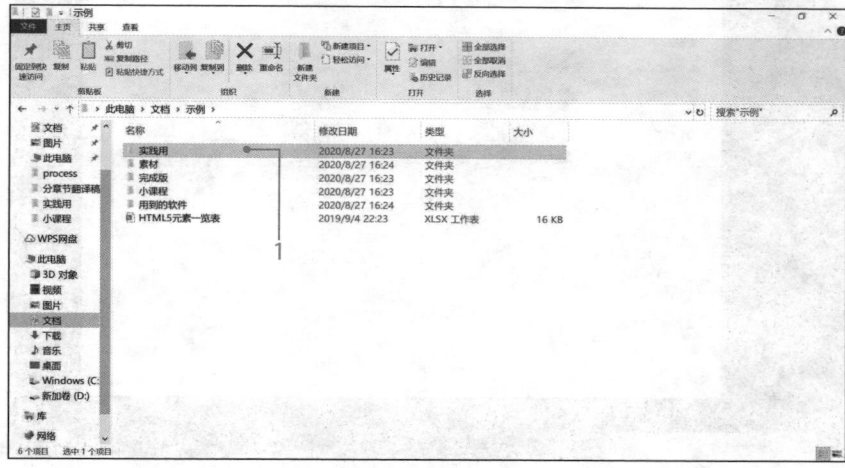

② 确认"item01.html"文件（1）存在。

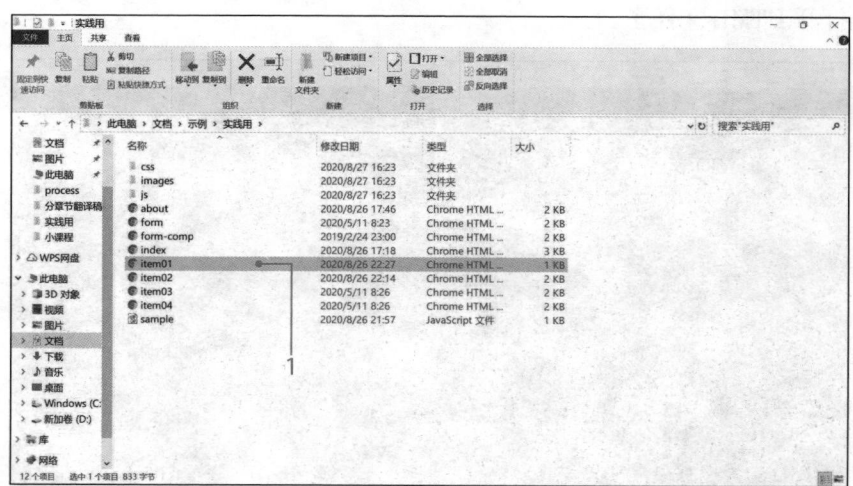

③ 拖曳文件"item01.html"放入 Atom 图标中（1）。

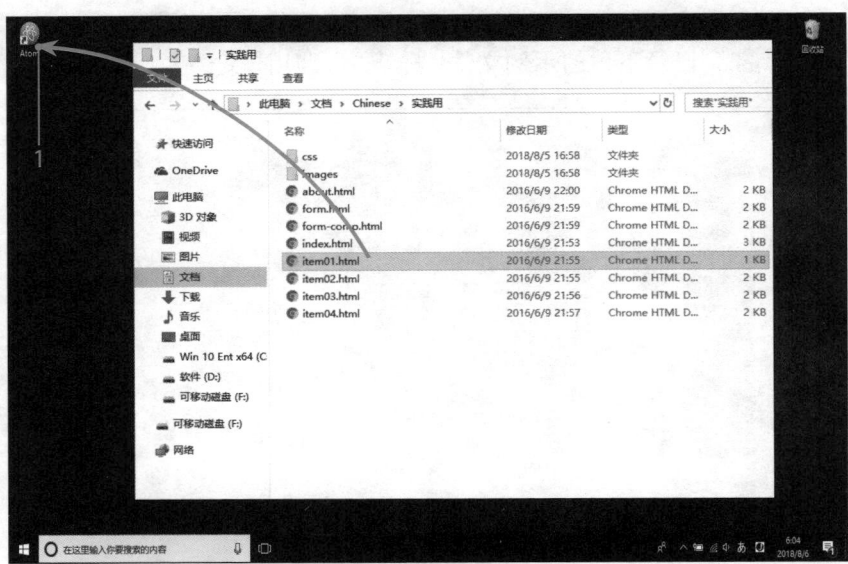

④ 看到下面的画面，就表示成功啦。这样，就可以用文本编辑器打开 HTML 文件了。

56

文件内容如下。

▼item01.html

```html
<!DOCTYPE html>
<html lang="zh">
<head>
 <meta charset="utf-8">
 <title>HTML Strong T恤 | Wakaba Shop</title>
 <meta name="keywords" content="HTML，编程T恤，互联网产品经理，礼物">
 <meta name="description" content="强调对HTML热爱的编程T恤。推荐作为礼物
送给做互联网产品经理的朋友！">
</head>

<body>
 <div class="row">
  <div class="col harf">
   <img src="images/item_sample.jpg" alt="HTML Strong T恤">
  </div>
  <div class="col harf">
   <h1>大标题：商品名</h1>
   <p>这里写入商品详情。</p>
   <div>
    <p>
     <span>2,980</span>日元（含税）
    </p>
    <a class="button" href="http://www.c-r.com/" target="_blank">售卖页面</a>
   </div>
  </div>
 </div>
 <p>Copyright &copy; Wakaba shop</p>
</body>
</html>
```

📝 将此文件用浏览器打开

　　这份源代码用浏览器打开，会是什么样的呢？让我们一起试一试吧。

　　① 拖曳"item01.html"放入 Google Chrome 中。

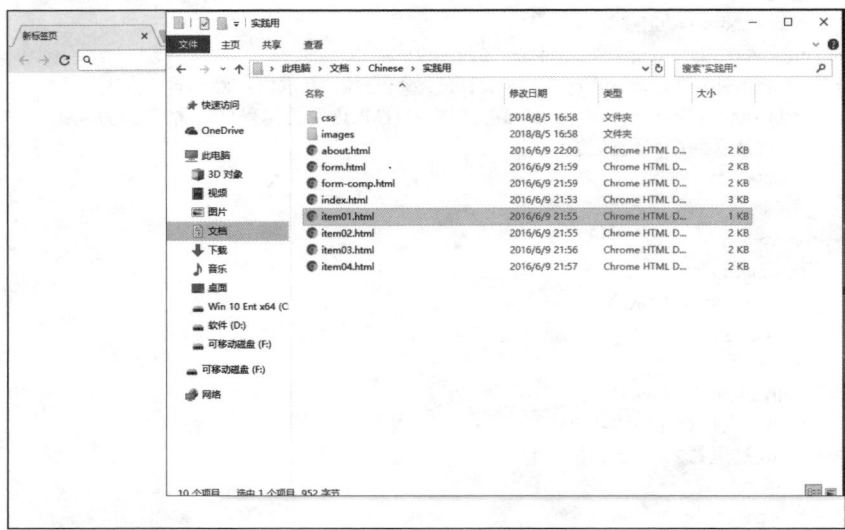

　　② 可以看到，用浏览器打开的效果如下。

这样，我们就知道了源代码在文本编辑器和浏览器上各自的呈现形态。

被 \<head>\</head> 包围的那部分在哪儿能看到呢？
啊！差点儿忘了。"HTML Strong T恤"这个标题在浏览器最上面的标签栏显示出来了。
被 \<body>\</body> 包围的那部分，在浏览器的主页面区域显示出来了。

是啊。就是"大标题：商品名""2,980 日元（含税）"所在的那个部分吧。那么，现在开始往这个 HTML 文件里添加源代码，愉快地编辑自己的网站吧。

▼完成图

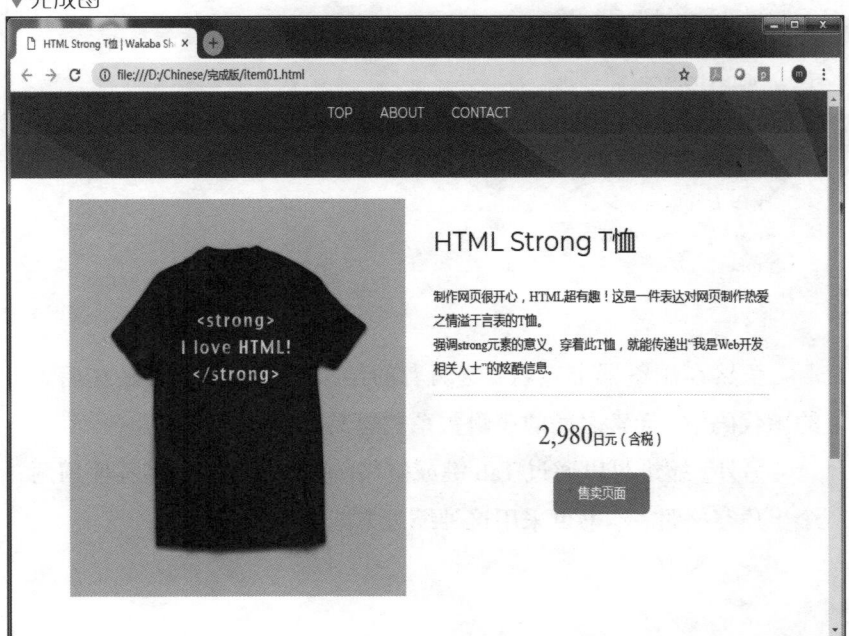

专栏　怎么写出易读的源代码?

　　随着 HTML 标签不断地增加，它们之间的嵌套关系就会变得很复杂。为了一眼能明白 HTML 标签之间的嵌套关系，让我们一起养成换行和缩进的好习惯吧。

▼没有正确换行和缩进的示例　　　　　　　　　　　　　源代码

```
<!DOCTYPE html>
<html lang="zh">
<head><meta charset="utf-8"><title>标题</title></head>
<body><h1>大标题</h1><p>内容</p></body>
</html>
```

▼有正确换行和缩进的示例　　　　　　　　　　　　　源代码

```
<!DOCTYPE html>
  <html lang="zh">
  <head>
    <meta charset="utf-8">
    <title>标题</title>
  </head>
  <body>
    <h1>大标题</h1>
    <p>内容</p></body>
</html>
```

　　虽然在浏览器上查看，这两者的结果是一样的，但是在后者的源代码中，元素之间的逻辑关系更容易理解。

　　另外，缩进可以通过 Tab 键或空格键实现，Google 推荐使用两个半角空格键，本书也采用这种缩进方式。

11 制作标题和段落

第一次见到 HTML 的源代码时，有没有觉得"⟨p⟩ 和 ⟨h1⟩ 到底是什么？太简略了以至于都不明白是什么意思"？

但是，如果知道是哪个单词的缩写，就完全没问题啦！

"p" 是"段落"的英文单词"paragraph"的缩写。

想说明"这里到这里是一段"的时候，一个一个地写 ⟨paragraph⟩⟨/paragraph⟩ 很麻烦，所以制定了用 ⟨p⟩⟨/p⟩ 来表示段落的规则。

① 译者注：日文原文为"ビシィ"，是颜文字(˙･ω･´)>的文字形式，其意为"用左手向对方表示敬意"。

Before · After

试着把商品名和商品详情添加进去。

▼Before

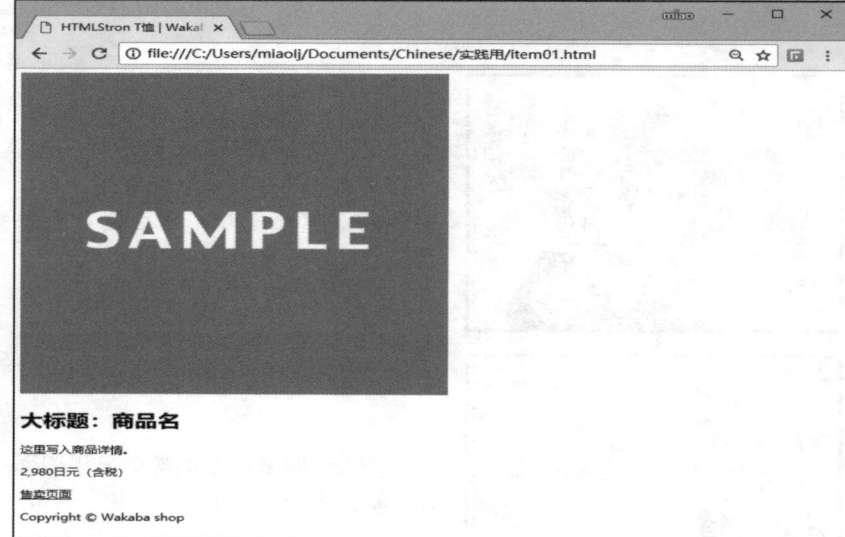

▼After

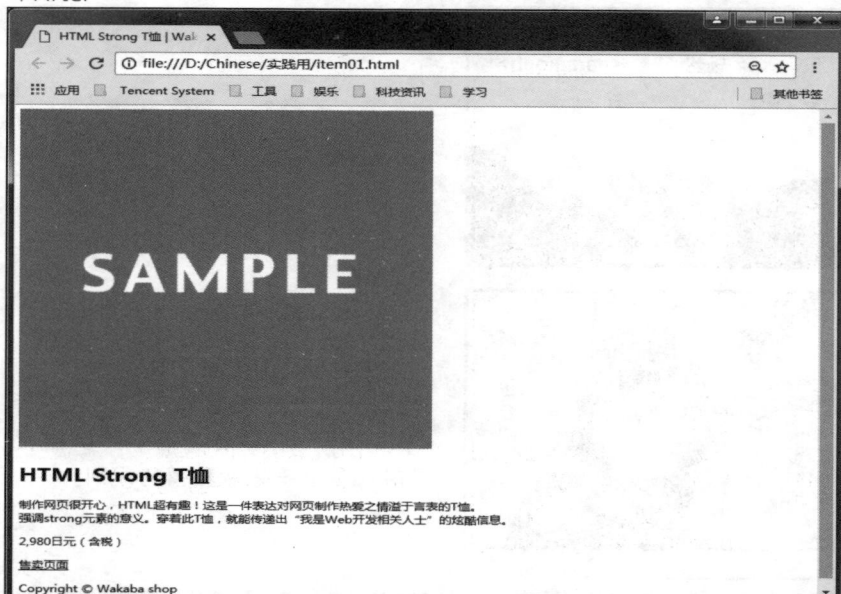

制作大标题

使用 h1 元素制作大标题。

```
<h1>大标题</h1>
```

表示标题的元素有 6 个：h1、h2、h3、h4、h5、h6。1~6 的数字表示标题的层次结构，h1 最大，h2 居中，以此类推。数字越大，所处的标题层级越往下。"h"是"标题"的英文单词"heading"的缩写。

制作段落

使用 p 元素制作段落。"p"是"段落"的英文单词"paragraph"的缩写。

```
<p>文章内容</p>
```

换行

使用 br 元素进行换行。"br"是"换行"的英文单词"line break"的缩写。

```
<br>
```

赶紧，开始编辑吧

用 h1、p、br 这些元素，试着编辑一下刚才的商品详情页吧。

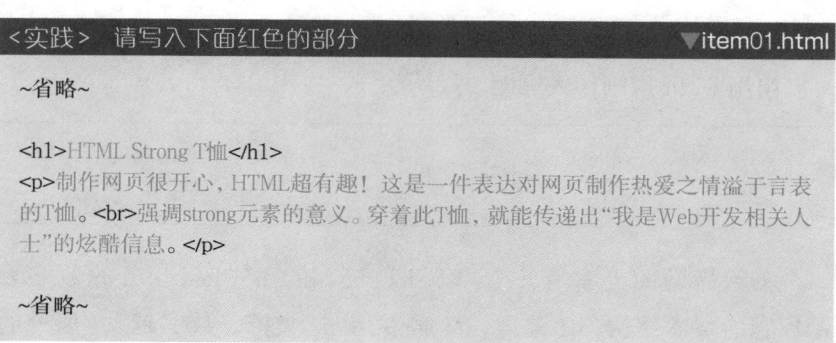

<实践>　请写入下面红色的部分　　　　　　　　　　　▼item01.html

~省略~

`<h1>`HTML Strong T恤`</h1>`
`<p>`制作网页很开心，HTML超有趣！这是一件表达对网页制作热爱之情溢于言表的T恤。`<br>`强调strong元素的意义。穿着此T恤，就能传递出"我是Web开发相关人士"的炫酷信息。`</p>`

~省略~

　　文本部分，可以从已下载文件"素材"文件夹中的 yuangao.txt 中粘贴过来，很方便。

用浏览器打开确认效果

　　完成源代码的编辑后，点击保存，然后用浏览器打开，刚才编辑的地方已经被替换了。

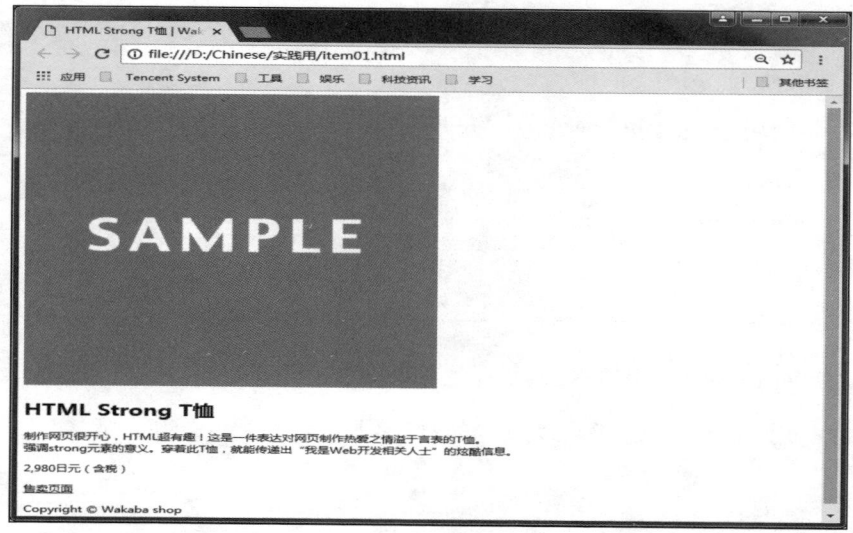

　　另外，保存修改的方法有：

- Windows：同时按"Ctrl"和"S"键
- Mac：同时按"⌘"和"S"键

效果不符合预期时的检查清单

用浏览器打开后，发现结果与所想不一致时，请检查以下三点。

◆ 标签是半角英文吗？

标签如果用全角，浏览器便认不出这是一个HTML标签哟。
会把标签作为文本的一部分显示出来。

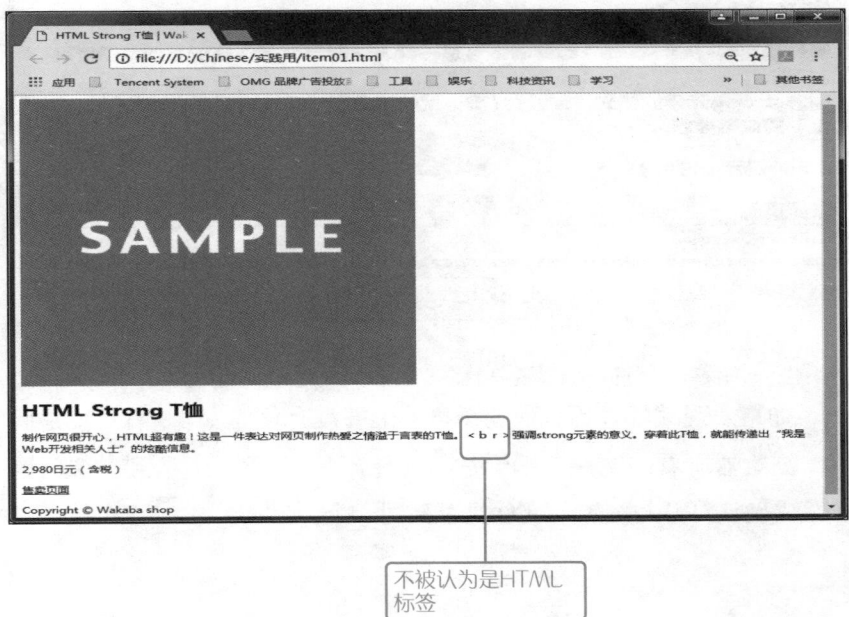

不被认为是HTML
标签

◆ 开始的标签确定关闭了吗？

文章全部都变成 h1 元素了……这是因为源代码表示的是
"<h1> 之后的内容都是主标题"。为避免这种情况，要在
标题结束的地方使用 </h1> 把这个标签关闭。

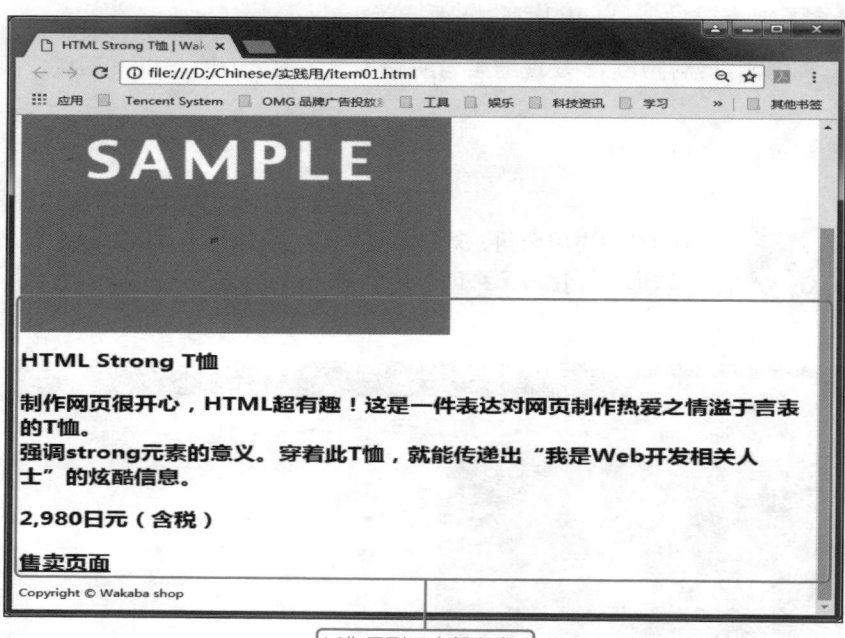

h1作用到了全部文本

◆ 浏览器所看的文件和文本编辑器修改的文件是同一个吗？

如果发现编辑过的页面在浏览器上并没有任何变化，有可能是因为"浏览器所看的文件与编辑过的文件不是同一个"。遇到类似问题时，先确认打开与编辑的文件是否是同一个。

专栏 了解一下一行代码各部分的名称

在之前的讲解中，我们遇到了标签、元素这样的词汇，但是这些词到底指代码的哪些部分呢？

刚开始制作网页时，专业术语可能会略多而显得有些混乱。以下面这一行代码为例，先了解一下各部分的名称吧。

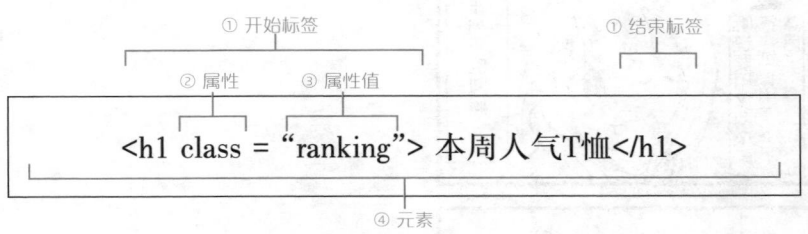

① 标签

"<>"括起来的部分称为标签。

② 属性

为标签添加附加信息，可以完全不添加，也可以添加多个。上例中的"class"就是为 h1 的内容添加的一种属性。

③ 属性值

添加属性的话，便需要同步指定这个属性的属性值（也有一些不需要指定属性值的属性）。在上例中，被双引号括起来的"ranking"就是属性值。

④ 元素

标签及标签内的内容一起被称为元素。在上例中，"<h1 class = 'ranking' > 本周人气 T 恤 </h1>"是一个元素。

另外，没有开始标签和结束标签的被称为空元素。换行所用的
 就是一种空元素。

12 用列表制作导航栏

用 ul 和 li 元素，可以制作列表。使用这两个元素，就会自动出现小黑点……

"既然出现了黑点，那就用 p 元素吧"，这个想法是本末倒置。如果使用 p 元素，就会表示成"这里是段落哟"。

外观的优化，以后交给 CSS 就可以啦。写 HTML 时，最优先考虑的还应该是文章的结构。

Before · After

一起制作能跳转到其他页面的导航吧。

▼Before

▼After

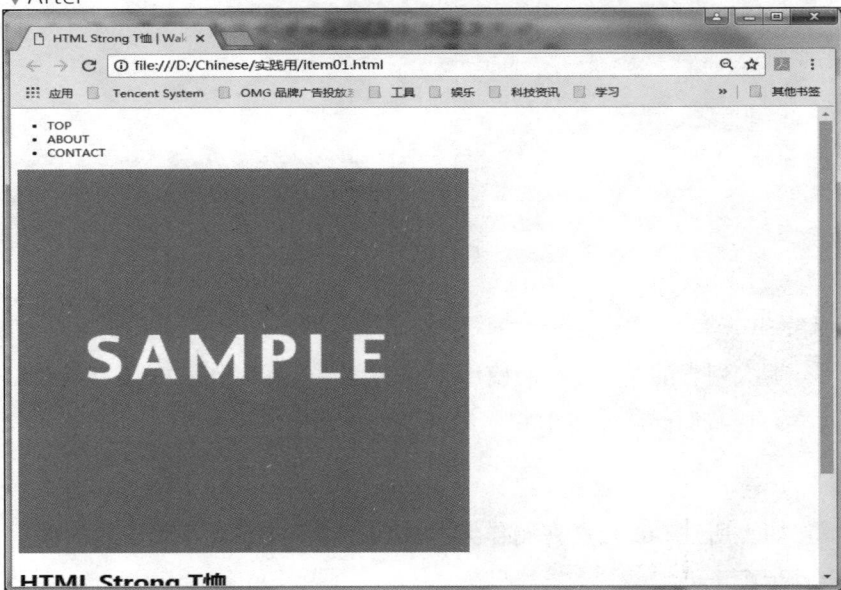

制作列表

使用 ul 元素和 li 元素，可以制作分条的列表。"ul" 是 "unordered list" 的缩写，"li" 是 "list" 的缩写。

```
            <ul>
              <li>分项1</li>
              <li>分项2</li>
              <li>分项3</li>
            </ul>
```

用 ul 元素和 li 元素，编辑刚才那个商品详情页。

<实践>　请写入下面红色的部分　　　　　　　　　　▼item01.html

```
~省略~

<body>
 <ul>
  <li>TOP</li>
  <li>ABOUT</li>
  <li>CONTACT</li>
 </ul>
 <div class="row">

~省略~
```

ul 元素和 ol 元素的区别

本次列表的制作，我们使用了 ul 元素，其实制作列表还有一个 ol 元素。让我们一起来看下它们的区别吧。

◆ ul元素

如上所述，ul 元素在制作无次序的列表时使用，li 元素的前面会自动地配上 "•"。

1
2
3 HTML～贴上文章和图片，制作网站内容吧～
4
5
6
7
8

源代码举例	浏览器显示

`<h1> 招聘岗位 </h1>`
`<ul>`
　`<li> 项目经理 </li>`
　`<li> 软件工程师 </li>`
　`<li> 产品设计师 </li>`
`</ul>`
	招聘岗位
	• 项目经理
	• 软件工程师
	• 产品经理

◆ ol元素

　　ol 是"ordered list"的省略，在制作有先后次序的列表时使用。 li 元素的最前面会自动地配上"1.""2.""3."……这样的编号。

源代码举例	浏览器显示

`<h1> 网页制作流程 </h1>`
`<ol>`
　`<li> 策划 </li>`
　`<li> 设计 </li>`
　`<li> 开发 </li>`
　`<li> 测试 </li>`
　`<li> 运营 </li>`
`</ol>`
	网页制作流程
	1. 策划
	2. 设计
	3. 开发
	4. 测试
	5. 运营

专栏　元素之间是存在父子关系的!

　　读到这里,就会发现"HTML里有嵌套关系"。某一要素包含了另一要素,而被包含的要素又会包含其他要素……这样的嵌套关系被比喻为父子关系。

　　例如,如下源代码:

源代码

```
<body>
 <ul>
  <li>TOP</li>
  <li>ABOUT</li>
  <li>CONTACT</li>
 </ul>
</body>
```

　　ul 元素包着 li 元素,此时它们的父子关系如下:
- 从 li 元素的角度看,ul 元素是父元素
- 从 ul 元素的角度看,li 元素是子元素

　　此外,ul 元素又在 body 元素的包围中,它们的父子关系如下:
- 从 body 元素的角度看,ul 元素为子元素

　　那么,从 body 元素的角度看,li 元素又是什么呢? 是这样的:
- 从 body 元素的角度看,li 元素是孙元素

　　子元素以下的元素,被统称为子孙。套用在上面的例子中,body 元素的子孙就是 ul 元素和 li 元素。

　　这种父子关系的思考方式,在使用 CSS 时会非常有用。请先记住吧。

13 添加超链接

链接地址的指定方法

有两种哟！

大家肯定体验过页面跳转，现在我们添加一个"从一个网页跳转到另外一个网页"的功能。

目标页面地址的指定方法有两种。

① 相对路径

同一层的 HTML 酱

第一种是相对路径，是以原链接文件（你现在所在页面）为起点，指定目标链接文件（你想跳转的页面）地址的方法。

② 绝对路径

日本 / 静冈县 / 浜松市 / A 公寓 /706 HTML 酱

第二种是绝对路径，是目标链接文件的地址从头到尾都写得十分清楚的一种方法。

那么，跳到隔壁房间里去吧！

房租呢，不交啦？

轻松越过

另外，阳台的使用方式错了吧？

实现跳转其他页面的功能

点击导航栏就可以跳转到其他页面，下面用相对路径来实现网页之间的链接。相对路径是网页制作时必不可少的标记方法。

◆ 这个是使用相对路径的链接

添加超链接时，用 a 元素。"a" 是 "anchor" 的简称，意为船的锚或其他固定物。使用相对路径的链接是：

```
<a href="index.html">TOP</a>
```

使用 a 元素编辑刚才那个商品详情页。

<实践> 请写入下面红色的部分 ▼item01.html

```
~省略~

<ul>
   <li> <a href="index.html"> TOP</a></li>
   <li> <a href="about.html"> ABOUT</a></li>
   <li> <a href="form.html"> CONTACT</a></li>
</ul>

~省略~
```

这样，就实现了在 item01.html 网页上添加跳转到以下网页的超链接。

- 首页（TOP）······························index.html
- 关于 Wakaba Shop（ABOUT）··················about.html
- 联系我们（CONTACT）······················form.html

◆ 相对路径是什么？

例如，把你的网页比喻成你家（公寓型）。介绍隔壁邻居时，不会再麻烦地从省市区街道再说到具体的地址，而会直接说"隔壁的

HTML 酱"。所谓相对路径，是标识目标文件地址的一种方法，而这个地址是从当前所在位置作为起点，来说明目标文件所在的位置。

只通过语言说明还是有点儿难理解，下面再用图解的方式解释一下。例如，有一个文件结构是这样的网站：

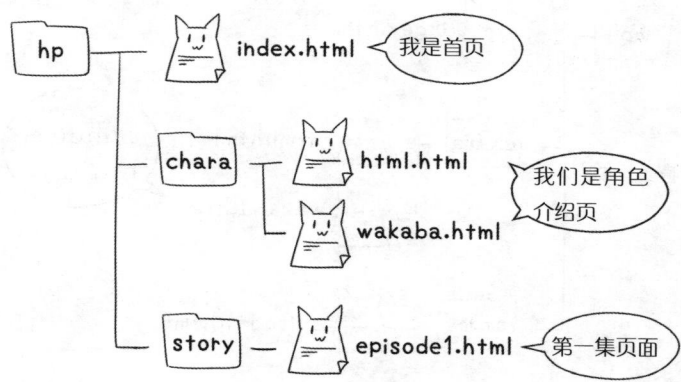

若从 wakaba.html 链接到 html.html，需要这样写：

```
<a href="html.html">
```

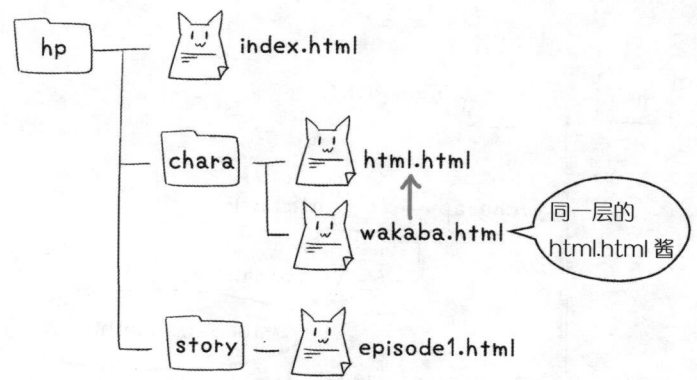

若从 wakaba.html 链接到上一层的 index.html，需要这样写：

```
<a href="../index.html">
```

写上 "../" 时，表示向上一层。

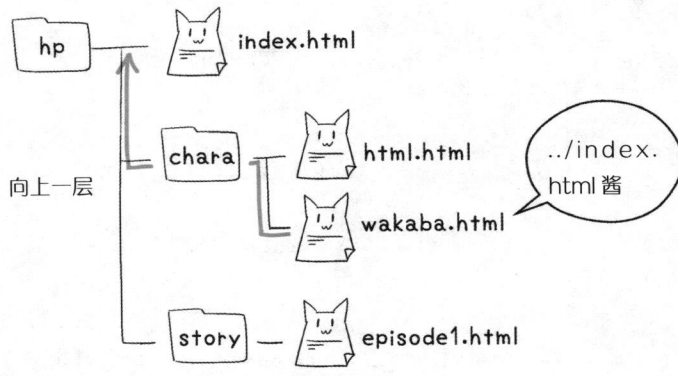

那么，若从 wakaba.html 链接到 epidose1.html，该怎么写呢？首先向上一层找到 story 文件夹，然后指向文件夹中的 episode1.html 就可以了。也就是说，这样写就 OK 了：

```
<a href="../story/episode1.html">
```

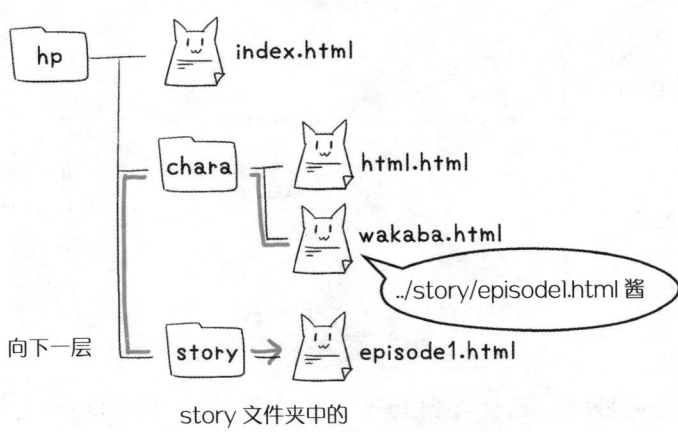

story 文件夹中的

3 | HTML～贴上文章和图片，制作网站内容吧～

顺便说一下，本书中制作"Wakaba Shop"网站的 HTML 文件，全部在同一层，在各自的页面写上如下代码，就可以链接起来了：

```
<a href="index.html">
<a href="about.html">
<a href="form.html">
```

◆ 相对路径的好处

关于相对路径的好处，我们用一个特别容易理解的例子——网站搬家来解释。

假设你网站上的超链接全部是用绝对路径来实现的。有一天，这个网站需要搬家，那么为了让此网站还可以正常访问，需要变更 URL 前面的那部分路径，也就是说，必须重写此网站所有页面超链接中的绝对路径。是不是想想就觉得好烦呀？所以网站内的超链接建议使用相对路径的方式。

📎 跳转到外部网站时

如果想跳转到互联网上已公开的外部网站，就需要使用绝对路径。

◆ 使用绝对路径的超链接

使用绝对路径时，超链接是这样的：

```
<a href="http://press.ustc.edu.cn">售卖页面</a>
```

◆ 绝对路径是什么？

你有听到过电台 DJ 说"如果您有任何要求，请在 www.×××.com 上给我们留言"吗？见过 T 恤或其他商品上印的 URL 吗？这种方式就是绝对路径。

如果把绝对路径比喻为地址，就会是这样的：日本 / 静冈县 / 浜松市 /A 公寓 /706 室 HTML 酱。

如果你与 HTML 酱住在同一个省、同一个市、同一个区的同一个公寓中，那么可以说"同一层的 HTML 酱"（相对路径）。

但是，如果你住在北海道，而 HTML 酱住在静冈，想要寄东西给 HTML 酱，仅有"同一层的 HTML 酱"这样的信息是不够的。一定要把从省到房间号的信息都明确地写清楚，所寄物品才能准确无误地送到 HTML 酱那里（绝对路径）。

无论网站的访问者在哪个网页，跳转链接的地址都显示为某一固定位置，这就是绝对路径。

◆ 如何实现在新的标签页中打开链接？

在 a 元素中，除了 href 属性，还可以设置 target 属性。

```
<a href=http://press.ustc.edu.cn target="_blank">售卖页面</a>
```

把属性值"_blank"赋予 target 这个属性，就可以在新的标签页或新窗口中打开这个链接。这样做，可以很容易地传递"这是另外一个网站"这样的信息。

乍一看，"target=_blank"很方便，但使用起来一定要小心谨慎。例如，当自己网站内部相互跳转的链接全部用了"target=_blank"，会怎么样呢？每点击一个链接就会跳出一个新的标签页，用户会感受到无形的压力。

即使收到需求用某一种链接方式，在编程时还是应该思考一下"为什么要使用这种方式"。

验证通过链接实现网页跳转

对 item01.html 的编辑已完成，下面验证一下是否可以跳转到另外一个网页。

※ item01.html以外的页面，均适用CSS。另外，点击"售卖页面"后跳转的网站是中国科学技术大学出版社的官方网站（这里只是为了练习）。

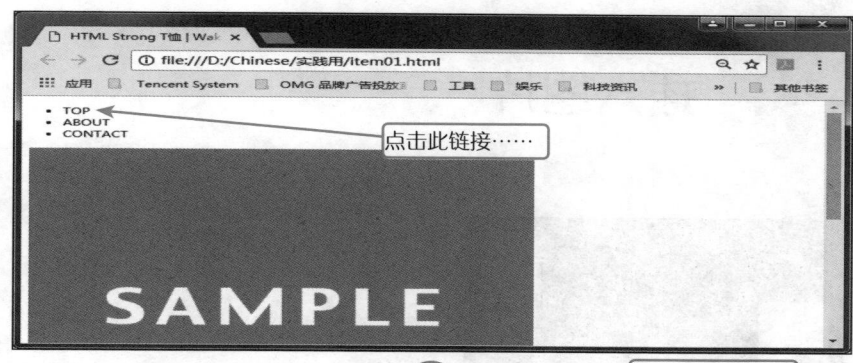

啊，HTML 酱，这里绝对要用绝对路径来链接。

啥？

哈哈哈哈……绝对的绝对路径。

我隐约感觉到了，Wakaba 酱你有点儿变喽。

14 插入图片

插入图片时，用〈img src=" "〉，src 属性被赋予的值，就是指定图片所在的位置。

📖 Before · After

試着把示例中的图片，换为 T 恤的图片。

▼Before

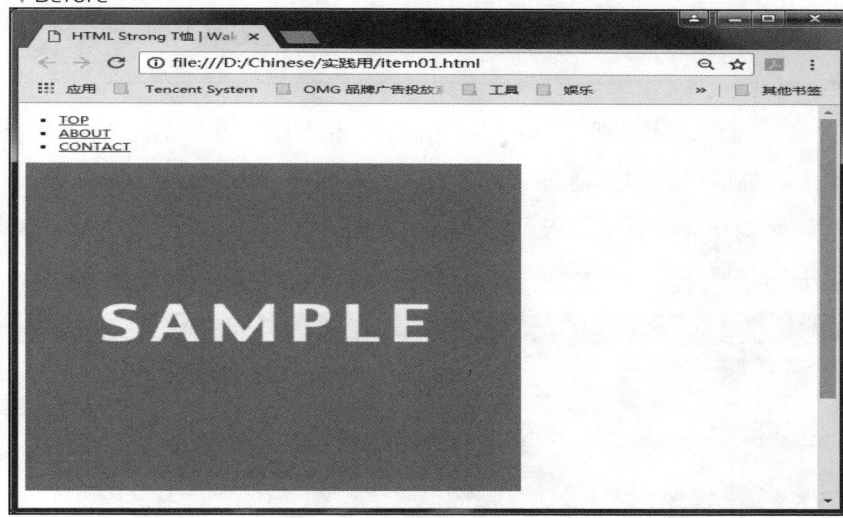

▼After

📷 插入图片

插入图片用 img 元素，"img" 是 "image" 的缩写。

<img src="图片地址" alt="替代文本">

src 属性，指定图片所在位置的路径，相对路径和绝对路径两种指定形式都可以。如果是同一个网站之间的链接，大都使用相对路径。

alt 属性，当图片无法正常加载出来时，指定一个替代性的文本来显示，alt 属性是 "alternate text" 的缩写。

```
<实践>  请写入下面红色的部分                          ▼item01.html

~省略~

<img src="images/item01.jpg" alt="HTML Strong T恤" >

~省略~
```

※ 把item_sample.jpg换为item01.jpg。

 src（ソース）原来不是吃的那个ソース① 啊，那是什么意思呢？

 Wakaba酱，如果你偶然间听说"你爱吃的那个超好吃的裙带菜停止生产了哟"，你会有什么反应？

 我会问："真的吗？从哪儿听说的？"

 嗯，是的呀，ソース＝信息的发源地。

 原来如此。也就是说，img src ＝ "•••" 的意思就是，图片的位置＝"这里哟"。明白明白。

---

① 译者注：src 的日文发音为 "ソース"，与调味酱的日文 "ソース" 相同。

15 划分区域

把网页上不同部分的内容划分
到不同的区域吧！

✍ 确认完成态

划分区域后，后续的页面布局就会容易一些。

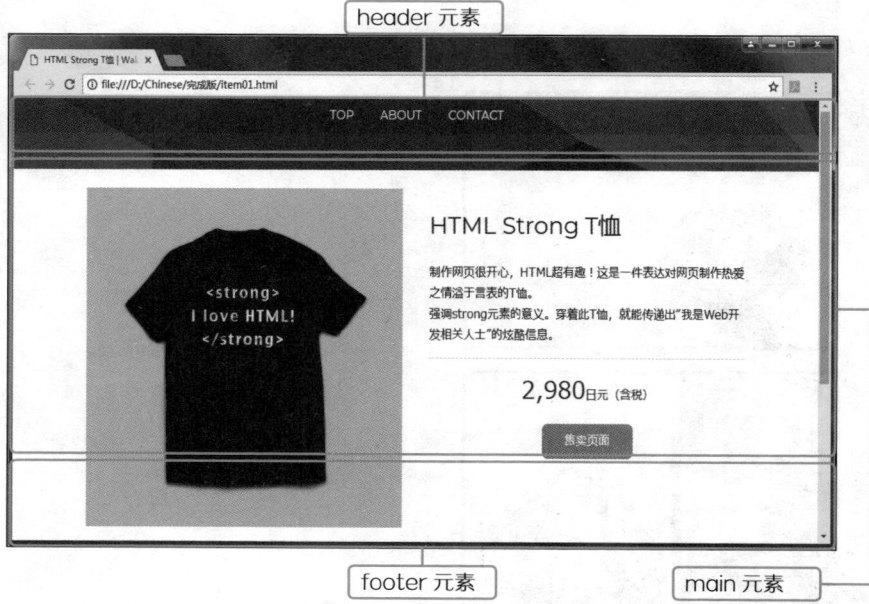

✍ 区分基本区域

制作中的网页，一般可分为 3 个基本区域：

- header 元素
- main 元素
- footer 元素

每个元素的特征介绍如下。

◆ header元素

header 元素定义网页的头部内容。

<header>头部内容</header>

具体包含以下几项：

- 标题
- 商标（Logo）
- 导航
- 搜索框

header，正如其名，是网页头的部分。
与第 10 节中学的 head 元素是不同的元素，这个要注意哟。

◆ main元素

main 元素定义主内容的范围，一个页面仅能使用一次。

<main>主内容</main>

main 元素在一个页面只能存在一个。确实，因为是"主内容"，一个页面中存在多个的话，也是挺奇怪的。

◆ footer元素

footer 元素，正如其名，定义的是被称为页脚的那部分内容。

<footer>页脚部分</footer>

具体而言，包含如下内容：

- 网站运营者的联系方式
- 版权（Copyright）声明
- 相关网站的链接

footer，也就是"脚"的部分。

定义导航栏的范围

现在来定义网页的菜单栏，也就是导航栏的范围。

◆ nav元素

定义导航栏的范围，需要用到 nav 元素。"nav" 是英文 "navigation" 的缩写。

<nav>导航栏</nav>

用 nav 元素，可以定义"从这儿到那儿是导航栏"。

来吧，编辑起来

现在用 header 元素、main 元素、footer 元素、nav 元素来划分网页的区域。

<实践>　请写入下面红色的部分　　　　　　　　　　▼item01.html

```
~省略~

<body>
  <header>
    <nav>
      <ul>
        <li><a href="index.html">TOP</a></li>
        <li><a href="about.html">ABOUT</a></li>
        <li><a href="form.html">CONTACT</a></li>
      </ul>
    </nav>
  </header>
  <main>
    <div class="row">
      <div class="col harf">
        <img src="images/item01.jpg" alt=" HTML Strong T恤">
      </div>
      <div class="col harf">
      <hl>HTML Strong T恤</hl>
```

▼

```
    <p>
　　制作网页很开心，HTML超有趣！这是一件表达对网页制作热爱之情溢于言
表的T恤。<br>强调strong元素的意义。穿着此T恤，就能传递出"我是Web开发相关
人士"的炫酷信息。
    </p>
    <div>
      <p>
        <span>2,980</span>日元( 含税 )
      </p>
      <a class="button" href="http://www.c-r.com/" target="_blank">售卖页面</a>
    </div>
    </div>
    </div>
  </main>
  <footer>
    <p>Copyright &copy; Wakaba shop</p>
  </footer>
</body>

~省略~
```

定义大纲范围的方法

　　所谓大纲，指的是文件的层次结构，就像一本书的章、节和段落。

◆ section元素

　　被 section 元素包围，就表示这个范围内写的内容是与这个标题相关的。

　　从这个功能出发，section 元素的包围中一定要有标题。若 "<section></section>" 中没有包含标题，则 section 元素被错用的可能性就会比较大。

　　另外，"section" 有隔断、一部分或文章的章节等含义。

定义独立内容范围的方法

独立于页面其他部分的内容，推荐使用 article 元素。

◆ article元素

被 article 元素包围的内容，就表示 这里面的内容是独立于页面其他部分的。例如，下面的内容就比较适合用"<article></article>"包围起来。

- 商品介绍
- 公司简介
- 单个的博客文章

单纯地想把内容模块化时

刚才介绍的元素都有自己内在的含义。但如果只是想让一部分内容"从外表看起来是一个模块"时，该怎么办呢？

这时可以使用 div 元素。

◆ div元素

"div"是"division"的缩写，意为"分隔区域"。

想要模块化的内容范围

正如其名，div 元素表示此范围内的内容是属于一个组的。"使用 section 和 article 元素会使文章的结构变得奇怪，但还是希望某一范围内的内容看起来是一个模块"，如果你的想法是这样的，那就使用 div 元素吧。

　　"为方便以后修改代码时容易看懂, 希望留下注释。""但是, 不希望注释内容在浏览器上显示。"

　　在写代码时, 会遇到这样的场景吧, 这时, 就可以这样写:

▼注释的写法　　　　　　　　　　　　　　　　　　　　源代码

```
<!-- 注释 -->
```

　　被 "<!-- -->" 包围的 "注释" 文字, 不会在浏览器上显示。

　　但是, 如果使用浏览器上的 "查看源代码" 功能, 读者还是能看到 "<!-- -->" 内的注释内容。所以, 如果是不想公开的信息, 请不要写进去。

　　另外, 下面这样的写法是错误的。连续使用多个连字符 "-", 会被当作注释的结束, 对浏览器上展示的内容会有影响。所以, 请记住正确的注释方法。

▼错误的注释写法　　　　　　　　　　　　　　　　　　源代码

```
<!----- 注释 ----->
```

3

HTML~贴上文章和图片, 制作网站内容吧~

做些适配 CSS 的准备工作吧

CSS 是通过元素、id 属性、class 属性来指定它所影响的 HTML 范围，从而美化网页外观的一种语言。

根据需要，通过 id 属性或 class 属性来标记一下吧。

用 id 属性和 class 属性标记

使用 id 属性和 class 属性，可以给元素命名。这样，CSS 或者 JavaScript 就可以通过名字指定某元素，进而更改它的文字颜色，赋予它某种效果。

那么，CSS 装饰哪里比较好呢？为了搞清这个问题，首先加上标记吧。

想让商品页面的页眉比其他页面的页眉短一些！
另外，价格的文字颜色要用红色。

这样的话，就用"itempage""price"这样的名字进行标记。

现把 id 属性值"itempage"和 class 属性值"cartarea""price"添加到下面红色的部分。

```
<实践>　请写入下面红色的部分　　　　　　　　▼item01.html

~省略~

<header id="itempage">
  <nav>
   <ul>
    <li><a href="index.html">TOP</a></li>
    <li><a href="about.html">ABOUT</a></li>
    <li><a href="form.html">CONTACT</a></li>
   </ul>
  </nav>
</header>
<main>
   <div class="row">
   <div class="col harf">
     <img src="images/item01.jpg" alt=" HTML Strong T恤">
   </div>
   <div class="col harf">
    <h1>HTML Strong T恤</h1>
```

▼

```
<p>
　　制作网页很开心，HTML超有趣！这是一件表达对网页制作热爱之情溢于言
表的T恤。<br>强调strong元素的意义。穿着此T恤，就能传递出"我是Web开发相关
人士"的炫酷信息。
　　</p>
　　<div class="cartarea">
　　　<p>
　　　　<span class="price">2,980</span>日元（含税）
　　　</p>
　　　<a class="button" href="http://www.c-r.com/" target="_blank">售卖页面</a>
　　</div>
　　</div>
　</div>
</main>

~省略~
```

📝 id 属性和 class 属性的区别

从"为元素命名"这个功能上来说，id 属性和 class 属性是一样的。那么它们有什么不同呢？

◆ id属性的特征

关于 id 属性，同一网页中的同一属性值只能使用一次。例如，id 属性值"itempage"在 item01.html 这个网页中不能再次使用。

◆ class属性的特征

关于 class 属性，同一网页中的同一属性值可以使用多次。例如，class 属性值"cartarea""price"是可以多次使用的。假设有不同颜色的商品到货，需要在 item01.html 这个页面内展示多个价格时，class 属性也是可以做到的。

如果搞不清楚，就用 class 属性吧

你可能会有这样的疑问："什么情况下使用 id 属性，什么情况下使用 class 属性呢？"

因为同一网页中同一 id 属性只能使用一次，所以有以下使用场景：

- 作为页面内的链接来使用
- 用 JavaScript 指定特定元素进行操作时使用

id 属性，除了进行外观调整外，还可以承担以上功能，为了在这些关键时刻能恰当地使用，好好掌握 id 属性吧。

如果只是为了调整外观，那就使用 class 属性吧。

表格的制作方法

"想把信息用表格的形式呈现"，这时最适合的就是 *table* 元素。

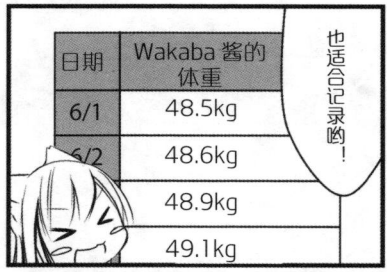

记住 *table* 元素、*tr* 元素、*th* 元素、*td* 元素的使用方法，就可以简单地制作出想要的表格。

用 HTML 制作的表格

用浏览器打开 about.html，将呈现如下画面。

table 元素和它的小伙伴们

下面使用 table 元素制作表格，"table"的意思就是"表格"。

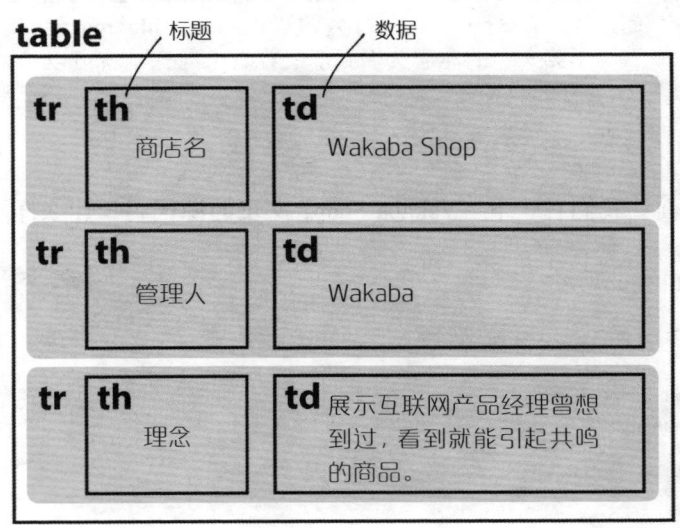

　　首先，把想做成表格的整体用"<table></table>"围起来；然后，每行都用"<tr>"标签围起来；最后，把单元格（一行内划分出来的一个一个格子）的部分用"<th>"或"<td>"标签一个一个围起来。

th 元素和 td 元素在"制作单元格"时作用是一样的吗？区别是什么？

从单元格里的内容来看，如果是标题就用th元素，如果是数据就用td元素。th是 table header cell 的缩写，意为表的标题单元格，td是 table data cell 的缩写，意为表的数据单元格。

原来如此，知道了它们是什么的缩写，立马就清楚了。

太好啦！知道了它们是什么的缩写，的确更容易理解了。

嗯，稍等下……
tr 元素什么都没做呀，存在的意义是什么？

呃，当然有意义啦。正因为有tr元素的汇总，才能进行第1行、第2行……这样行数的累积。tr是table row的缩写，row在英文中的意思为"行"。记着是横向并列就可以了。

源代码

　　下面让我们看一下"Wakaba Shop"网页的源代码长什么样子。

▼about.html　　　　　　　　　　　　　　　　　　　　　源代码

```
~省略~

<table border="1">
    <tbody>
```

```
      <tr>
          <th>商店名</th>
          <td>Wakaba Shop</td>
      </tr>
      <tr>
          <th>管理人</th>
          <td>Wakaba</td>
      </tr>
      <tr>
          <th>理念</th>
          <td>展示互联网产品经理曾想到过，看到就能一下子引起共鸣的商品。<br>
          可以自用，也推荐作为礼物送给从事Web设计和开发的人。</td>
      </tr>
      <tr>
          <th>邮费·支付方式</th>
          <td>本店的支付·邮送委托相关服务商。商品不同，具体情况可能会有
所不同，请您在购买与支付时核实具体情况。</td>
      </tr>
      <tr>
          <th>联系我们</th>
          <td>如需咨询或有任何要求，请通过此<a href="form.html">咨询窗</a>。
</td>
      </tr>
    </tbody>
  </table>

~省略~
```

专栏　在table元素中设置border属性

　　可能有人已经注意到在 table 元素里写着“border='1'”。在 HTML5 以前的规则中，此属性用像素值来指定表格边框的粗细。

　　在 HTML5 现在的规则中，此属性用来表示“这是一个真正的表格哟，并不是为了页面布局而做的”，只允许属性值为“1”或空“”。为 1 时，表示在表格单元周围添加边框，不用于页面布局；为空格时，表示表格单元周围没有边框，可用于页面布局。

表单的制作方法

3 | HTML～贴上文章和图片，制作网站内容吧～

邮件的自动发送功能，只有HTML 和 CSS 是无法实现的。

还需要 PHP 这样在服务端工作的编程语言。

关于 PHP，会在第 6 章进行简要的介绍，有兴趣的话可以先去了解一下。

■ 一起看下实际的表单

用浏览器打开 form.html，将呈现如下页面。

如果在邮箱地址形式错误的状态下点击发送按钮，页面上会出现一个提示。这个功能叫做表单的验证功能。

在表单中填上邮件地址和咨询内容，点击"发送"按钮，就会显示出"您的咨询已受理"。

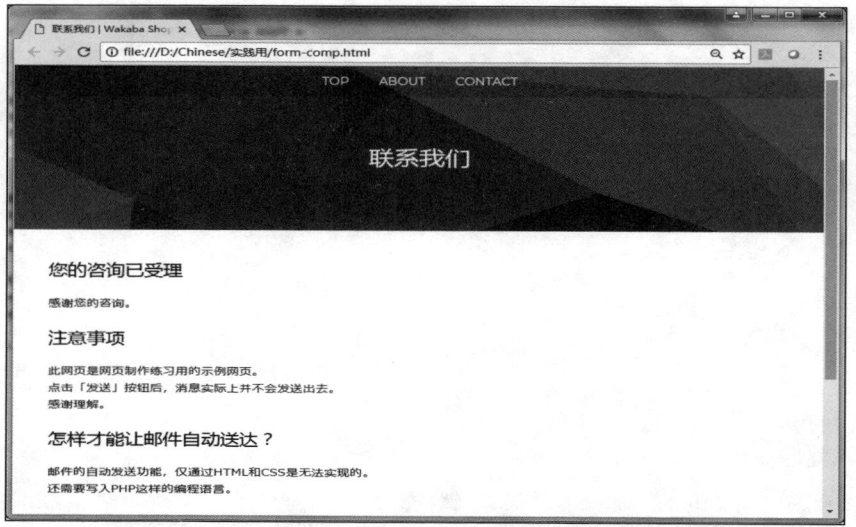

另外，form.html 是为了网页制作练习而使用的示例页面，点击"发送"按钮后，实际上邮件是没有发送出去的。在本书中，咨询表单并不能真实地起到作用，这点还请理解。

包围整个表单的 form 元素

form 元素用于创建 HTML 表单。在此元素内可以指定表单的内容、数据发送的地址和数据传输的方式。

在 form 元素中，使用的主要属性有以下几种。

◆ name属性

name 属性以"name="表单名称""的形式来定义此表单的名称。

◆ action属性

在 action 属性中，会用"action="送信地址的 URL""的形式来指定数据发送地址的 URL。此处因为是练习用的示例页面，所以送信地址设为一个 HTML 文件。如果使用 PHP，则用"action="×××.php""的形式来指定送信地址。

◆ method属性

method 属性可以通过"method="数据传输方式""来指定服务器接收数据的方式。属性值可以是"get"或"post",默认是"get"。

属性值	角色
get	把数据加在 URL 的后面进行传输。所以,只要看 URL,任何人都能看到传输了什么样的数据。传输的数据可以被第三方看到时,就使用 get 这种方式
post	用 post 方式传输的数据不在浏览器上呈现。在传送邮箱地址、密码等保密信息,或者传输数据量比较大的情况下,使用 post 方式。本书因为需要传输邮箱地址和咨询内容,所以用的是 post 方式

制作文本输入框或按钮的 input 元素

在电商网站或会员登录页,你应该看到过姓名输入框和单选按钮。这些大多都是通过 input 元素制作出来的。"input"的意思就是输入。

在 input 元素中,使用的主要属性有以下几种。

◆ type属性

type 属性通过"type="输入形式的类型""来规定输入形式的类型。输入形式的类型非常多,这里介绍几个具有代表性的类型。

属性值	输入形式的类型
text	单行文本输入框
password	密码输入框(输入文本用●掩码)
checkbox	复选框
radio	单选框
submit	发送按钮
hidden	隐藏的输入框

　　从 HTML5 开始，除了以上属性值，type 属性又增加了自带校验功能的属性值，如 "email""tel""url" 等。在本例中，邮件地址的输入框就是通过 "type="email"" 来实现的，如果输入的是错误的邮件地址格式（如没有 @ 符号），页面上就会出现相应的校验提示。

◆ value属性

　　对于不同的输入类型，value 属性值所指的内容也不同，具体有 "value="初始值""value="传输值""value="按钮上的文字"" 等。

输入类型	Value属性值所指的内容
文本输入框	输入框内的初始值
复选框	传输给服务器的值
单选按钮	
按钮	按钮上的文字

◆ name属性

　　name 属性通过 "name="输入框名字"" 来定义表单中每个输入框的名字。这样数据进行打包传输时，服务端可以把数据正确地插入相应的表格字段中。

◆ placeholder属性

　　你肯定见过在搜索框内有浅灰色文字提示 "请输入搜索内容" 的情况吧。使用 placeholder 属性，就可以在文本框中给出 "这里应该输入……内容" 的提示，并且可以通过 "placeholder="替代性文本"" 的方式来实现。

　　本例中的 "邮件地址""咨询内容" 就是通过此属性实现的。

◆ checked属性

　　checked 属性用来预先选定复选框或单选按钮，而且不需要属性值，直接用 "checked" 表示即可。

◆ required属性

　　required 属性用来定义必填项。如果某栏使用了 required 属性，此栏若置空，即使点击"发送"按钮，信息也无法发送出去，而且页面上会出现相应的提示。required 属性也不需要属性值，直接用"required"表示即可。

实现多行文本输入框的 textarea 元素

　　input 元素可以实现文本输入框，但文本只能有 1 行。实现多行文本输入框需要使用 textarea 元素。

　　在 textarea 元素中，使用的主要属性有以下几种。

◆ cols属性

　　cols 属性可以通过"cols="文字数""的方式，规定文本输入框中 1 行文本的文字数。

◆ rows属性

　　rows 属性可以通过"rows="行数""的方式，规定文本输入框的行数。文本输入框的高度会根据 rows 的属性值而变化。

◆ required属性

　　required 属性用来定义必填项。如果某栏使用了 required 属性，此栏若置空，即使点击"发送"按钮，信息也无法发送出去，而且页面上会出现相应的提示。required 属性不需要属性值，直接用"required"表示即可。

源代码

　　下面我们一起来看下"咨询"页面的源代码是什么样子的。

▼form.html

```
~省略~

    <form name="contact" action="form-comp.html" method="post">
        <input class="email" type="email" name="email" placeholder="邮 件 地 址"
required>
        <textarea class="comment" name="comment" rows="20" placeholder="咨询内
容" required></textarea>
        <div class="center">
        <input class="button" type="submit" name="submit" value="发送">
        </div>
    </form>

~省略~
```

嗯，form 元素中包含邮件地址的输入框、咨询内容的输入框和发送按钮，是这样吧。

理解到这个程度，就可以啦！
现在你已经掌握了HTML最基本的知识了哟。
从下章开始，CSS酱会来教我们怎么装饰网页的外观。
CSS酱自称是Web界的偶像，是个很时尚的人哟。

感觉要热闹起来了。

专栏　用漫画理解类别与内容模型

　　从 HTML5 开始出现了类别和内容模型的概念。是不是总会觉得很难？实际上非常简单哟。

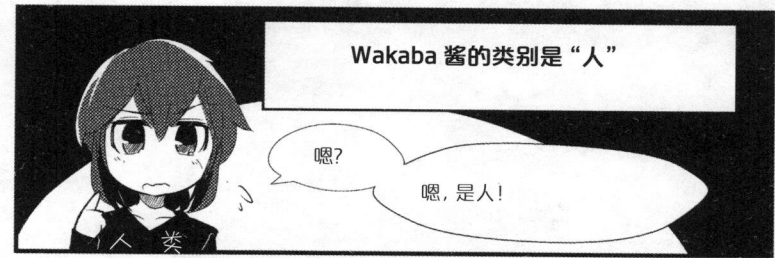

◆用漫画的例子来理解

　　简单把漫画的例子整理一下。

元素	类别	内容模型 （可以作为子元素，被直接放入的元素）
公交车	交通工具	人
Wakaba 酱	人	食物

【 × 错误 】

```
<Wakaba酱>
  <公交车>在Wakaba酱身体中的公交车</公交车>
</Wakaba酱>
```

　　如果公交车进入 Wakaba 酱的身体，是不是很有违和感？

【 √ 正解 】

```
<公交车>
  <Wakaba酱>在公交车里的Wakaba酱</Wakaba酱>
</公交车>
```

　　应该是"人"进入公交车，所以是 Wakaba 酱进入公交车，这样才自然。

　　再看一例。

元素	类别	内容模型 （可以作为子元素，被直接放入的元素）
便当盒	餐具	食物
饭团	食物	谷物
大米	谷物	配料

【 × 错误 】

```
<饭团>
  <便当盒>
      <大米>梅子</大米>
  </便当盒>
</饭团>
```

　　饭团里应该放入的类别为食物，而这里却放入了类别为餐具的便当盒，怎么想都很奇怪吧。

【 √ 正解 】

```
<便当盒>
  <饭团>
      <大米>梅子</大米>
  </饭团>
</便当盒>
```

　　把便当盒放在外面，饭团放在里面，这样就合理了。

　　像这样来确定各元素里"应该放入什么东西""不应该放入什么东西"，有没有觉得"这样啊，这是理所当然的事啊"。这是因为在日常生活中，我们已经知道"公交车是什么""便当盒是什么"。

　　同样，只要知道"section 元素是什么""p 元素是什么"，自然就可以理解 HTML5 的规则了。

　　但是，HTML5 的元素大约有 100 种，全部记住这些元素的含义，是非常困难的。所以就有了"把元素进行分类，使其好理解一些"的想法，于是产生了类别这个概念。

▼HTML5 元素的类别图

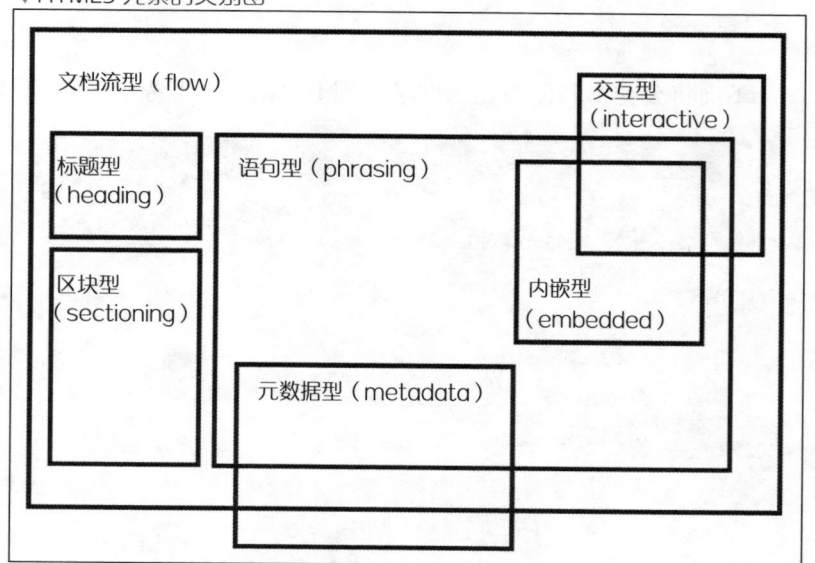

类别	含义	元素示例
文档流型（flow）	大部分文档 \<body\> 内的元素	部分元数据元素外，几乎全部的元素
标题型（heading）	标题元素	h1、h2 等
区块型（sectioning）	区块内容范围的元素	section、article 等
语句型（phrasing）	段落中标记文字的元素	span、br 等
内嵌型（embedded）	嵌入式内容的元素	audio、canvas、video 等
交互型（interactive）	专门用于交互的元素	button、input、textarea 等
元数据型（metadata）	文档信息的元素	title、meta 等

有很多元素同时属于几个类别。
例如，有的元素是文档流型，也是区块型。

原来如此，就像我的类别是人类，也是大学生。

◆ 把刚才的例子放在HTML中

下面将公交车和便当盒的例子放到 HTML 中，思考一下吧。

元素	类别	内容模型（可以作为子元素，被直接放入的元素）
section	文档流型 区块型	文档流型
h1~h6	文档流型 标题型	语句型
p	文档流型	语句型

【 × 错误 】

```
<p>
  <h1>用漫画理解网页设计是什么</h1>
  <section>用四格漫画来快乐地学习网页设计基础的一本书</section>
</p>
```

那么，你看出来哪里奇怪了吗？

• p 元素中应该放入语句型元素

→ h1 元素（文档流型 / 标题型）被放入（no good）

→ section 元素（文档流型 / 区块型）被放入（no good）

在上面的代码中，段落中有标题和章节，而正确的应该是章节里有标题和段落，所以这几行代码充满违和感。

【 √ 正解 】

```
<section >
  <h1>用漫画理解网页设计是什么</h1>
  <p>用四格漫画来快乐地学习网页设计基础的一本书</p>
</section >
```

把 section 元素和 p 元素的位置互换一下。

• section 元素中放入文档流型

→ h1 元素（文档流型）被放入（ok）

→ p 元素（文档流型）被放入（ok）

这样就没有违和感了，很清晰的嵌套结构。

重点就是，在思考文章结构时，能否意识到"这地方很奇怪"，对吧？

我们总结了HTML5中元素的详细分类以及归属规则，做成了Excel提供给大家，不明白的时候就去看一下吧。Excel文档与示例数据放在一起，从前言提供的网址或二维码中获取。

4

CSS

~让外表华丽起来~

19 | CSS 是什么?

作为外形装扮担当的 CSS 酱登场。

HTML 酱是网页架构担当,并不负责网页的外形装扮。

HTML 的源代码简洁,外形装扮就交给 CSS 酱吧。

CSS 是外形装扮担当

首先，简单了解下对 CSS 的印象。

书　　　　　　　　　　　　绘本

如果只有 HTML，网页就像一本只定义了文章结构的普通图书。与 CSS 组合在一起后，有了配色与页面布局，网页就是绘本的感觉了。

◆ CSS的身世

“HTML 是网页架构担当”“CSS 是页面的外形装扮担当”，现在她们的分工比较清晰，但是有段时间 HTML 同时担负着网页架构和装扮的任务。

用 HTML 装饰网页的外观，会出现以下问题：

- 无视文章结构，只作用于外观的元素被乱用
- 源代码很难读懂

所以，1996 年 W3C（万维网联盟，是 Web 技术领域最权威和最具影响力的国际中立性技术标准机构）建议：“HTML 原本就是表述文章结构的语言，外形装扮这个任务就让 CSS 来做吧。”

自此之后，CSS 被广泛使用起来。

CSS3 是什么?

CSS3 是 CSS 的升级版本,增加了一些更为便利的规范。在本书中,也使用了 CSS3 中新增的规范来进行网页的制作。

◆ CSS3的优势与劣势

CSS3 的优势有:

• 实现了之前没有办法实现的透明、渐变、圆角与边框、阴影等功能

• 之前用图片实现的功能(渐变、圆角与边框等),因为可以用 CSS3 自身实现,所以文件大小变小了

劣势有:

• 对于有些浏览器的某些版本,还不能完全适配

◆ 使用 CSS3 不需要声明

使用 HTML5 时,源代码最开始要写上"这里是 HTML5"这样的声明(请参考第 10 节),但使用 CSS3 时不需要。

◆ 不是一定要与 HTML5绑定

CSS3 不是一定要与 HTML5 绑定才能使用。例如,用 HTML4.01 写出来的网页,也可以用 CSS3 进行外形装扮。

CSS 的写法简单!

CSS 的写法与 HTML 完全不一样,但请放心,CSS 的写法非常简单。只要记住下面这个格式,你就会写 CSS 了。

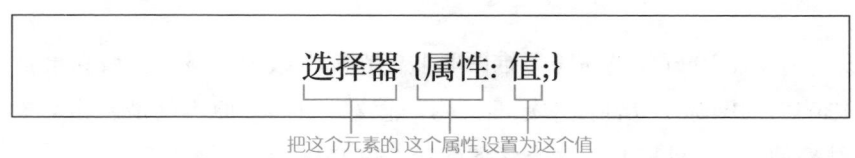

选择器 {属性: 值;}

把这个元素的 这个属性 设置为这个值

具体示例如下：

把A的B设置为C，很容易理解吧。整体被称为CSS的规则。

◆ 一个网站的外观是由规则集合来实现的

请想象一下你平时见到的网站中：

- 文字的颜色、字号
- 菜单按钮的位置
- 背景色
- 图片间的间距

这些，都是通过"选择器 { 属性 : 值 ;}"这样的规则来实现的。通过一个个设置细节上的配色与版面设计，整体的效果就呈现出来了。

无论什么样的网站，都可以通过规则集合来实现，对吧?

无论多么可爱的偶像,其背后都有着小小、努力的积累哟。

呵呵……

想在 HTML 上留下注释,需要这样写:

```
<!-- 注释 --!>
```

想在 CSS 上留下注释,需要这样写:

```
/*  注释  */

/*  也适用于
多行  */
```

▼注释示例　　　　　　　　　　　　　　　　　　　源代码

```
/*  主区域
-------------------------------------- */
main {
    width: 100%;
    max-width: 930px;
    margin: 0  auto;
}

/*  设置链接的文字颜色  */
main a { color: #2c9795; }

/*  页脚
-------------------------------------- */
footer {
    background-color: #114046;
    color: #40666a;
}
```

这样留下注释,有以下好处:

• 日后自己修改代码时易读

• 即使需要他人修改代码,也比较容易使他人明白 CSS 的各
样式影响的是网页的具体哪个位置

20 这就是"层叠"

　　没有给所有的元素设定样式也没关系，因为子元素会自然继承父元素的样式。超方便！

---

① 译者注：蛋奶冻，日文为"カスタード"；分层瀑布，日文为"カスケード"。两者发音极其相似。

多个样式连起来一起使用

CSS 是 Cascading Style Sheets 的缩写。style sheets（样式表）指汇总外观美化相关信息的文件，cascading（层叠）是分层瀑布的意思，就像一层层连起来的瀑布，多个样式也可以串联起来使用。

为了方便理解，再举个例子。
用 HTML 和 CSS 来实现下面所示的外观。
背景是黑色，文字是白色，字号为大。

Cascading

源代码是这样写的哟！

▼HTML   源代码

```
<div>
   <p>Cascading</p>
</div>
```

▼CSS   源代码

```
<div> {
   background-color: black; /* 背景色 黑色*/
   color: white; /* 文字颜色 白色 */
}

p {
   font-size: large; /* 字号 大*/
}
```

 嗯？等一下哟……
这样写，p元素内的文字颜色真的会变成白色吗？
选择器"p"中只设置了文字的大小呀。

 这是一个好问题！
并不需要对每个元素的样式都进行设置，因为子元素会
继承父元素的样式。
这个现象被称为 样式继承。

 这样的话，我们岂不是可以很轻松！？

 是哟，父元素上已有的样式，再在子元素上一个个写上，
岂不是很没有效率？

 CSS酱真聪明呀。

 是呀，反应比谁都快。
没用的代码，当然是不写更好啦。

专栏　后来者优先！需要知道的CSS特性

　　如果代码是下面这样的，那 p 元素中的文字将会是什么颜
色呢？

▼注释示例　　　　　　　　　　　　　　　　　　源代码

```
p { color: white; }
p { color: black; }
```

　　答案是黑色，因为 CSS 有"后设置的样式优先"的特性。
　　但是，"后设置的样式优先"生效的前提是，选择器处于同一
优先级。关于选择器的优先级，将在第 25 节进行更加详细的介绍。

119

21 CSS 一般用外部样式

直接在 HTML 标签中写入样式（行内样式）。

在 head 元素内写入样式（内部样式）。

一般使用让 HTML 文件从 CSS 文件中读取样式（外部样式）的方法。

CSS 的引入方法

CSS 的引入方法有三种：
- 直接写入标签内（行内样式）
- 直接写在 head 元素中（内部样式）
- CSS 文件附在外面（外部样式）

下面一起来看下每种方法都是如何写的。

◆ 直接写入标签内（行内样式）

行内样式就是直接写入 HTML 标签内的方法。

▼HTML 文件   源代码

```
<p style="color: red;"> 用漫画学会Web设计</p>
```

与简单地改变外观的初衷相反，其劣势为：HTML 的源代码更难读，页面维护也变得更繁杂。另外，这种方式无法实现 HTML 负责文章结构、CSS 负责页面装扮这样的分工。所以除非极个别的情况外，请避免使用这种方法。

◆ 直接写在 head元素中（内部样式）

内部样式是一种直接写入 head 元素中的方法。

▼HTML 文件   源代码

```
<head>
     ~中间省略~
  <style type="text/css">
  <!--
  p { color: red; }
  -->
  </style>
</head>
<body>
  <p>用漫画学会Web设计</p>
</body>
```

与行内样式相比，内部样式的 HTML 源代码更易懂。但是如果用这种方法管理的网页不断增加，那么维护就变得非常复杂。

◆ CSS文件附在外面（外部样式）

外部样式就是 HTML 文件读取外部 CSS 文件的一种方法。这是在实际网页开发中最常用的方法。

▼HTML 文件　　　　　　　　　　　　　　　　　　　源代码

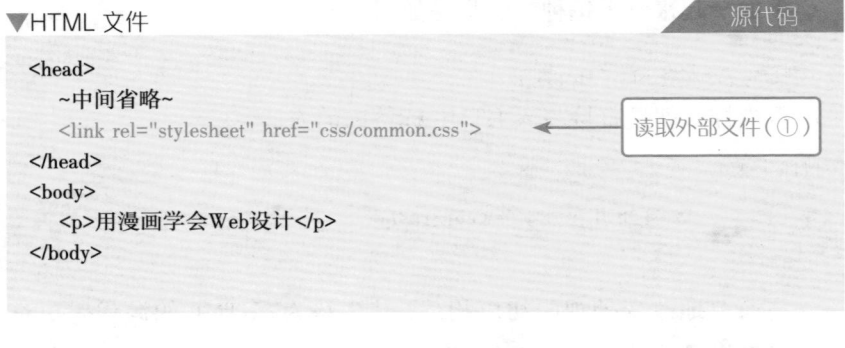

▼CSS 文件 (css/common.css)　　　　　　　　　　　源代码

① 读取指定的外部文件。rel= "stylesheet" 指的是 "附上与此处相关联的样式表"。href= "css/common.css" 指的是 "这个样式表可以参考 CSS 文件夹中的 common.css 文件"。也就是说，<link rel= "stylesheet" href= "css/common.css" > 翻译为中文便是，"这里附上与此处相关联的样式表，就是位于 css 文件夹中的 common.css 文件"。

② 指定字符编码规则，就是指定 CSS 文件中字符的编码规则。CSS 文件的一开始，一定要先用 "@charset " 来指定字符编码规则。关于字符编码规则，更详细的解释可以参考第 28 节的内容。

虽然介绍了 3 种 CSS 的使用方法，但一般使用外部样式，请记住哟。

稍等一下。
不管使用哪种方法，"用漫画学会Web设计"这句文字都一样是红色的？

话虽这么说……

所以不用外部样式也是可以的嘛。
除HTML文件外，还要再做一个CSS文件，也是很麻烦的。

很麻烦……?! 想不到你是这么信口开河的人啊。
好吧，下一节就告诉你外部样式具体的优势。

CSS 外部样式的优势

例如，网站所有页面的背景色都要改变时，只要修改一个 CSS 文件的源代码，所有引用这个 CSS 文件的 HTML 文件的背景色都会改变。很轻松吧。

如果 CSS 用的不是外部样式，就很麻烦了，必须一个一个地打开 HTML 文件的源代码进行修改。

CSS 用外部样式，后续网页外观的修改可以很轻松

例如，你需要更改一个网站的背景色，而这个网站由 50 个 HTML 文件组成。这时，用下面哪种方式能更快地完成修改呢？

- CSS 文件用外部样式被 HTML 调用（外部样式）
- HTML 文件中写入 CSS 代码（内部样式）

前者，只需要修改 1 个 CSS 文件；后者，则需要修改 50 个 HTML 文件。所以 CSS 用外部样式，后续网页外观的修改会很轻松。

本来需要修改 50 次，现在 1 次就搞定了，太棒了！
CSS 就用外部样式啦。

你……刚才不是还在说CSS外部样式很麻烦吗？

我说了吗？啊，外部样式赶紧用起来！

在网页中插入图片时，可以用相对路径或绝对路径来指定图片的位置。CSS 也一样。

与 CSS 文件链接起来后，HTML 的外形就可以随心所欲改变！网页制作的乐趣一下又扩展了很多。

动手把 CSS 链接起来

　　在 HTML 的内容中，我们主要编辑了"item01.html"这个文件。而此文件还没有与 CSS 链接起来。所以，外观看起来非常简朴，换句话说就是素颜状态。链接"common.css"文件后，可以让素颜的"item01.html"变得时尚起来。

▼Before

▼After

```
<head>
  <meta charset="utf-8">
  <title>HTML Strong T恤 | Wakaba Shop</title>
  <meta name="keywords" content="HTML,编程T恤,互联网产品经理,礼物">
  <meta name="description" content="强调对HTML热爱的编程T恤。推荐作为礼物
送给做互联网产品经理的朋友！">
  <link rel="stylesheet" href="css/common.css">
</head>
```

用在线字体来美化字体

虽然已适用了 CSS，但菜单的字体让人觉得很土气。

一般情况下，浏览器只能显示进入用户终端的字体。而在线字体使用服务器上的字体文件，不管用户终端和环境是什么样的，都可以显示相同的字体。

◆ 瞬间搞定！导入谷歌字体(Google Fonts)

在线字体的设定很难？不，实际上非常简单哟。用谷歌字体这样的工具试试？谷歌字体有以下优势：

- 字体种类多
- 不管用于商业或非商业，均免费
- 不需要上传字体文件

按照以下顺序，设定一下吧。

① 打开 Google Fonts (https://fonts.google.com)[①]。

---

① 译者注：用谷歌字体需要开启 VPN 服务。

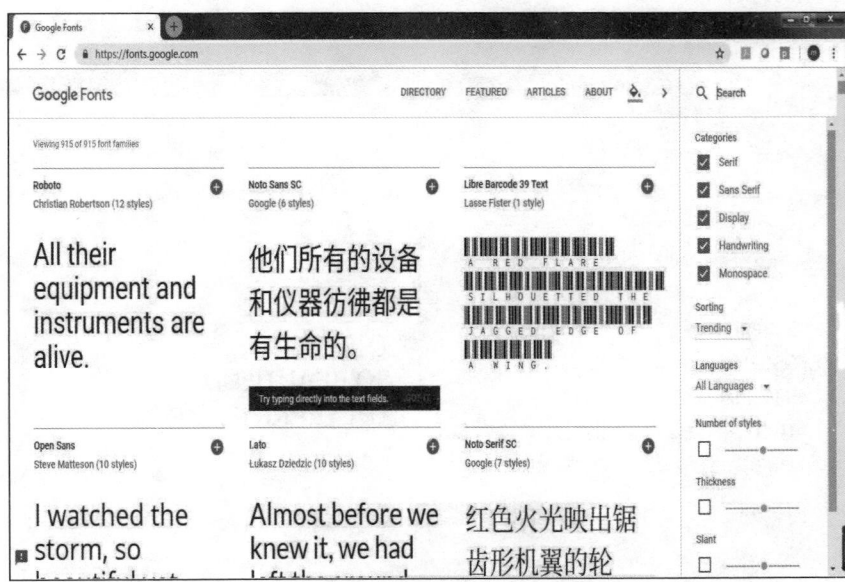

② 使用可读性比较高的英文字体 Montserrat。在搜索框中输入 "Montserrat"（1），然后点击要使用字体（此次是 Montserrat）的 "+" 图标（2）。

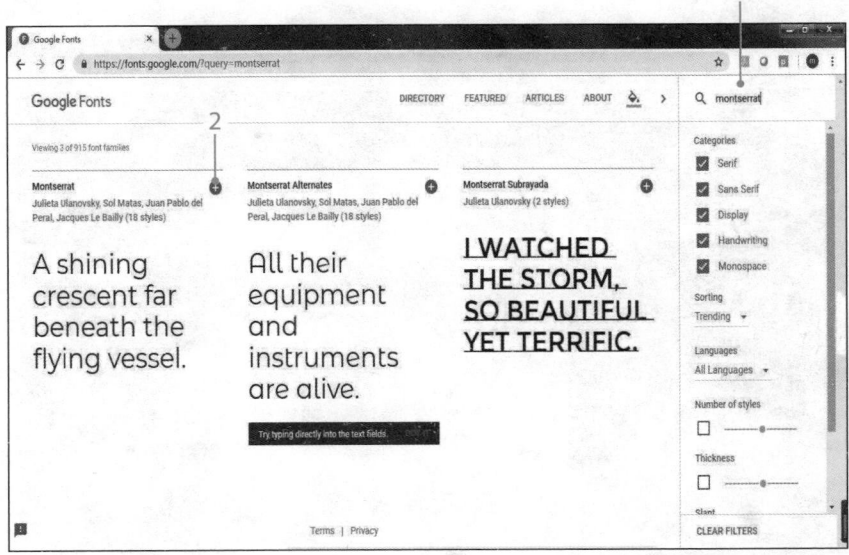

③ 点击页面下方弹出的提示框（1）。

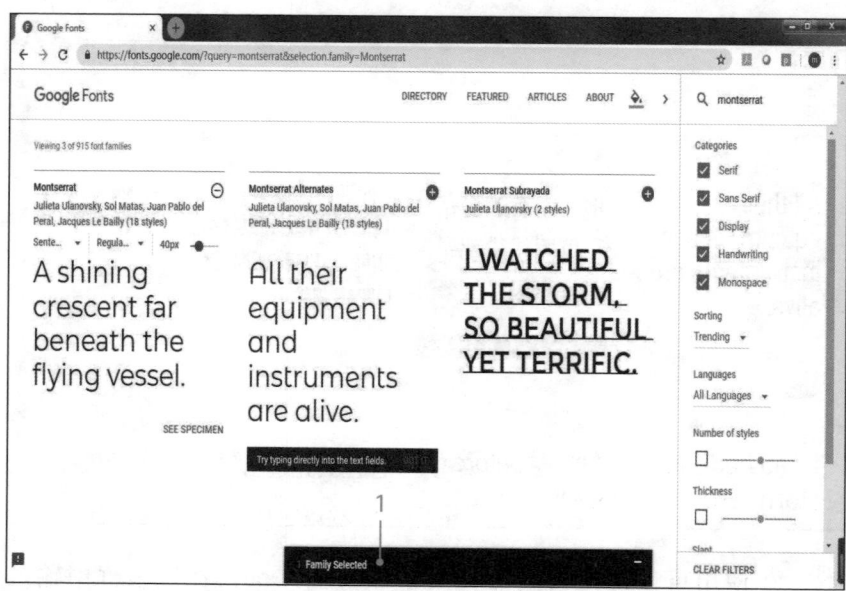

④ 将 "STANDERD @IMPORT" 栏内的 HTML 代码（1），复制到 head 元素内。

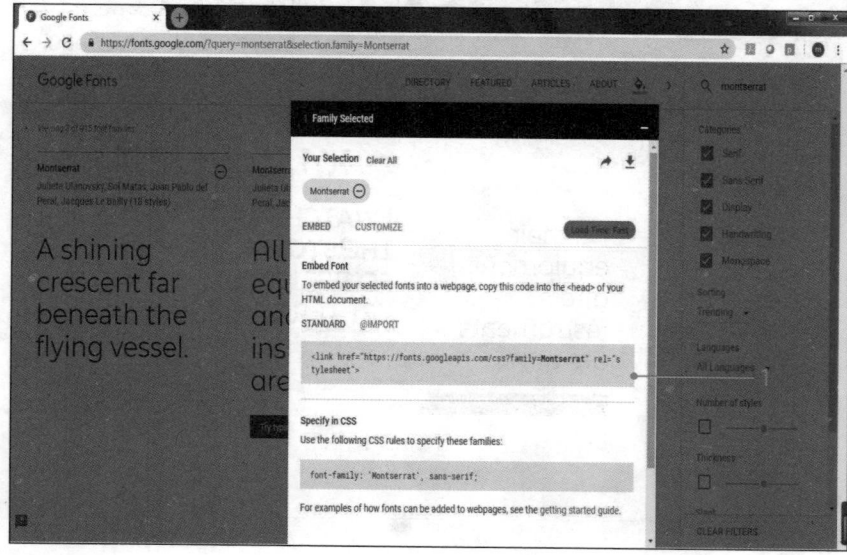

<实践>　写入下面红色的部分　　　　　　　　　　　▼item01.html

```
<head>
  ~省略~
  <link href="https://fonts.googleapis.com/css?family=Montserrat" rel="stylesheet">
</head>
```

⑤ 然后，只需在想适用的元素中设定 font-family。

▼common.css　　　　　　　　　　　　　　　　　　　　　源代码

```
header nav ul li a{
   color: #FFF;
   font-family: "Montserrat",sans-serif; /* 指定字体 */
   font-size: 16px;
   padding: 0 1em;
}
```

　　font-family 可以指定字体的属性。也可以同时指定多种字体，其间用逗号"，"隔开，最左侧的字体最优先适用。上面的源代码表示的是"如果无法读取 Montserrat 时，就用 sans-serif 这种字体"。

font-family 的设定由我来完成，CSS 不用编辑就可以哟。

　　这样，就成功地实现了在线字体的导入。

▼Before

▼After

专栏　跨浏览器兼容性

　　我们经常会遇到"用 Google Chrome 和 Internet Explorer 打开同一个网页，看到的却不一样"这样的现象。这是因为，有些浏览器或版本还没有适配在 HTML5 和 CSS3 中首次出现的功能。

　　这种情况下，需要做一些调整让不同浏览器打开的同一页面看上去是一样的。这种调整被称为跨浏览器兼容性。

▼跨浏览器兼容性的示例（写在 HTML 文件的 head 元素中）　　源代码

```
<!--[if It IE 9]>
    <script src="js/html5.js"></script>
    <script src="js/css3-mediaqueries.js"></script>
<! [endif]-->
```

　　这样，Internet Explorer（以下简称 IE）的旧版本也就能适配 HTML5 和 CSS3 了。<!--[if It IE 9]> 的意思是"如果此版本不是 IE9"。也就是说，如果打开这个页面用的浏览器是 IE9 以下版本（IE6、IE7、IE8 等）时，就读取后面的 JavaScript（参考第 29 节的内容）。

JavaScript	功能
html5.js	识别从 HTML5 才开始有的元素
css3-mediaqueries.js	启动 CSS3 的媒介查询（网页的样式可以根据设备的种类或画面的宽度进行自适应的功能），具体参考第 28 节

　　2016 年，日本的浏览器市场占有率大致是：Internet Explorer 约 40%，Google Chrome 约 35%，Firefox 约 15%，相对比较分散。使市面上所有浏览器的展示效果都一样是比较困难的，所以理想是尽可能地减少不同浏览器展示页面之间的差异。

24 改变文字的大小和颜色

用 CSS 让价格更引人注目一些。

用 CSS 很简单呢！快来挑战一下吧！

调整字号大小

现在价格的字号比较小，很难看清楚，我们可以把它调大一些。

▼Before

▼After

调整字号使用的是 font-size 属性。请打开"common.css",编辑装饰商品页面部分。

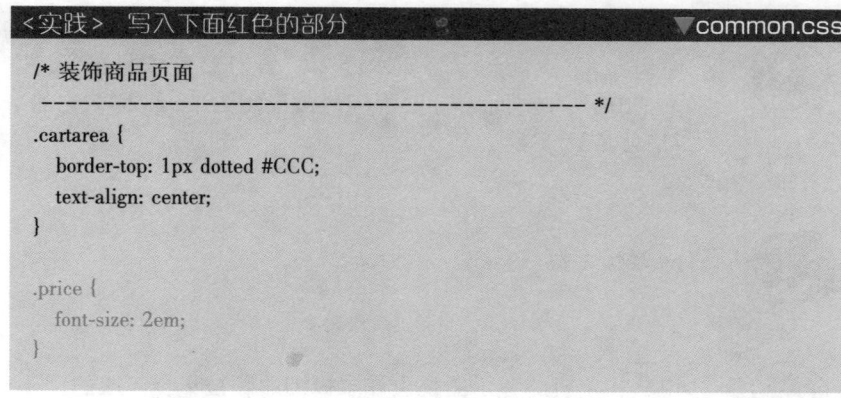

```
<实践> 写入下面红色的部分                          ▼common.css
/* 装饰商品页面
   --------------------------------------------- */
.cartarea {
    border-top: 1px dotted #CCC;
    text-align: center;
}

.price {
    font-size: 2em;
}
```

在第 16 节中,我们已经对元素进行了标记,这个标记马上就要起作用了。这里指定了".price",意味着这个样式只适用于那些标记为"class= "price""的元素。这样,价格的字号就会变大。

"font-size: 2em;" 是什么意思？

意思是"若页面的字号原本设为1，此处就把字号设为原来的2倍"。此页面中，原本字号被设定为16px，那么它的2倍就是32px。

px 是什么？

电脑和手机的显示器是由许多极细的颗粒集合而成的。
其中的1个颗粒被称为"1px"，或是1像素。
例如，字号为32px，就是指一个文字所占的位置是纵向32像素、横向32像素的一个正方形。

CSS 能计算这么小的单位啊！Web 界偶像这个名字真是实至名归啊！

◆ 大小和长度的单位

CSS 有很多大小和长度的单位。这里特别介绍经常使用的几个。

单位	说明	示例
px	显示器 1 个像素的长度为 1 的单位	/* 宽 100px */ div {width: 100px; }
%	相对于父元素初始值的百分比	/* 宽度为父元素的 80% */ div {width: 80%; }
em	默认字号设为 1 时的倍率	/* 16px × 2 = 32px */ body { font-size:16px; } p {font-size: 2em; }

调整文字颜色

为了让价格更加引人注目，把文字的颜色变为红色。

▼Before

▼After

4

CSS～让外表华丽起来～

调整字体颜色用的是 color 属性。

```
.price {
    color: #C00;
    font-size: 2em;
}
```

这样，价格的颜色就变成了红色。

▼After

◆ 颜色的设置方法

在以往的示例中，我们用颜色的英文字母 black、white 、red 等来设置字体颜色。其实，CSS 还可以由其他方式来设置字体颜色。

显示器显示出来的颜色，是由红（red）、绿（green）、蓝（blue）三原色组成的。所以可以通过分别指定 RGB 这三原色的值来设置一种颜色。

指定 RGB 值的方式也有多种，其中一种是在"#"后面分别用二位 16 进制的数（0~9+A~F）来指定。每个值越接近 00，颜色越浅；越接近 FF，颜色越深。

例如，红色用 10 进制和 16 进制表示，RGB 的值分别如下：

进制	Red	Green	Blue
10 进制	204	0	0
16 进制	CC	00	00

也就是说，红色可以用"#CC0000"来表示。

另外，像"#CC0000"这样，RGB 每个值的两位字母或数字都相同时，可以省略地写成"#C00"。

当然，也可以不用 16 进制，而用 RGB 的 10 进制数来设置字体的颜色。10 进制的设置方式如"rgb(204, 0, 0)"，其中"rgb( )"括号内 RGB 的值需用逗号","隔开。

25 选择器的特指度
CSS 中还有优先级关系？

CSS 有"前面设定的样式规则会被后面设定的样式规则覆盖"的特征。

但明明是遵守顺序设定的样式规则，有时页面所呈现的却不是后面设定的样式规则。

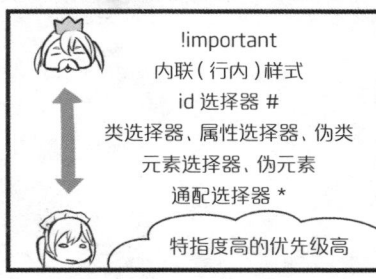

!important
内联（行内）样式
id 选择器 #
类选择器、属性选择器、伪类
元素选择器、伪元素
通配选择器 *

特指度高的优先级高

这是受到了"选择器优先级关系"的影响。

记住选择器的优先级关系，就能熟练使用 CSS 了哟。

后面写的样式规则不起作用的示例

Wakaba 酱想把商品价格的文字颜色由红色改为蓝色，代码如下。

▼HTML 源代码

```
<span class="price">2,980</span>日元（含税）
```

▼CSS 源代码

```
.price { color: red; }
span { color: blue; } /* Wakaba酱新加的样式规则 */
```

▼显示结果

2,980日元（含税）

咦？设定了 "span 元素内的文字颜色为蓝色"，为什么显示的还是红色？
应该是后面的样式规则优先呀，怎么回事？

想知道为什么会这样？
直接地说，就是 .price 赢了，span输了哟！

还有输赢呀？

强者胜，弱者被淘汰，CSS世界是很残酷的。

强者胜！选择器之间的激烈竞争

如果样式重复，浏览器就会比较选择器的强度，然后显示它判定“这个更强”的样式规则所规定的样式。网页的外观，就是选择器之间相互竞争的结果展示。

为了方便理解，把选择器由强到弱的顺序整理如下。

▼选择器由强到弱

选择器的种类	强度的拟人化比喻
!important	 强势国王
内联（行内）样式	 外务大臣
id 选择器	 孤傲公主
类选择器、属性选择器、伪类	 三类将军
元素选择器、伪元素	 二类士兵
通配选择器	 厉害女仆

套用刚才的例子试一试。

源代码	选择器的种类	强度
.price { color: red; }	类选择器	将军(胜)
span { color: blue; }	元素选择器	士兵

类选择器的强度为"将军",元素选择器的强度为"士兵",将军与士兵,谁的意见会被优先采纳呢? 当然是将军。所以,浏览器上显示的就是将军的指令"color: red;"。

话说,从 !important 到通配选择器,这么多专有名词,都怎么用呢? 让我们一起来了解下它们的性格。

◆ !important　强势国王

若把 !important 比喻成一个人,应该是任性又有强大话语权的国王。在属性值的后面添加 !important,不管这个样式设置在页面的什么位置,都会被最优先采用。

但是,请避免过多使用 !important。正因为优先级太高,如果后面要覆盖此样式时,修改起来会非常痛苦。

▼CSS　　　　　　　　　　　　　　　　　　源代码

```
.price { color: red; }
.price { color: blue; } /* 此处规则适用*/
```

这种情况下,后面的样式规则优先,元素内的文字颜色为蓝色。

▼CSS

```
.price { color: red !important; } /* 此处规则适用*/
.price { color: blue; }
```

然而，添加 !important 后，相应的样式规则会被无条件地最优先采用，元素内的文字颜色将会是红色。

源代码	选择器的种类	强度
span { color: red !important; }	!important	 国王（胜）
span { color: black; }	元素选择器	士兵

为什么? 为什么不能多用 !important?
只要添加 !important，相应的样式规则就会被最优先采用，不是很方便吗?

这么轻率地使用 !important，后面会很麻烦哟。
多次使用 !important的CSS，就像一个城堡里有好几个国王。
想象一下几个国王同时下达指令的状态，国王A说"文字颜色设为红色"，国王B说"设为黑色"，国王C说"不对不对，设为蓝色"。

这就麻烦了。

而且，能覆盖国王意见的，也只有国王。
也就是说，想要覆盖一个国王的样式规则时，就不得不另造一个国王出来。

想想就头疼啊……

是吧。所以在Web设计的实际操作中，不到万不得已是不用 !important的。
但是请放心，我们下面会介绍各种选择器的性格，了解它们的性格后即使不用 !important也能写好CSS。

◆ 内联(行内)样式　外务大臣

内联(行内)样式是把样式设置直接写入 HTML 的 style 属性中的一种方式。这种方式很久之前是使用的，但现在不怎么受欢迎，因为 HTML 的职责是文章结构，而不是外观装饰。

▼HTML　　　　　　　　　　　　　　　　　　　　　　　　　源代码

```
<span style="color: red;">2,980</span>日元 ( 含税 )
```

如第 22 节解释的那样，用内联样式紧密地设置样式规则后，若要修改会非常花费时间，需要把 HTML 文件一个个打开进行修改。而使用 CSS 的样式只需修改一个地方就可以了。

◆ id选择器　孤傲公主

这位公主的自尊心很强，不允许城堡内再有同名的公主。正如第 16 节所讲，在一个页面内同名的 id 属性只能使用一次。因为这个特性，公主的命令也是很有力的，虽然不能违抗国王和大臣，但是可以让将军、士兵和女仆服从。

▼HTML   源代码

```
<span id="sale" class="price">2,980</span>日元（含税）
```

id 选择器的标记是"#"。"#"的后面，需要标注目标元素的 id 属性值。

▼CSS   源代码

```
#sale { color: blue; } /*此处规则适用 */
.price { color: red; } /*不适用 */
span { color: black; } /*不适用 */
```

源代码	选择器的种类		强度
#sale { color: blue; }	id 选择器		公主（胜）
.price { color: red; }	类选择器		将军
span { color: black; }	元素选择器		士兵

最强的是 id 选择器的 #sale，所以"2,980"的文字颜色将是蓝色。

在此例中，用 id 选择器只是为了设置外观，而实际的源代码应避免如此使用。乱用 id 选择器，后果就是之后想要覆盖时很容易成为障碍。

如果只是外观设置，使用下面介绍的类选择器就可以了。

◆ 类选择器·属性选择器·伪类　三类将军

　　把"类选择器·属性选择器·伪类"想成是同一阶层的三位将军，就会容易理解了。虽然不可违抗国王、大臣和公主的命令，但是可以让士兵和女仆服从。

　　类选择器是可以通过 class 属性来选择元素的选择器。与 id 属性不同，在一个页面内，同名的 class 属性可以多次使用。

▼HTML　　　　　　　　　　　　　　　　　　　　　　源代码

```
T恤：<span class="price">2,980</span>日元（含税）<br>
卫衣：<span class="price">1,480</span>日元（含税）
```

　　类选择器的标记是"."，"."后面需要标注目标元素的 class 属性值。

▼CSS　　　　　　　　　　　　　　　　　　　　　　源代码

```
.price { color: red;} /* 此处规则适用*/
span { color: black; } /* 不适用*/
```

▼显示结果

> T恤：2,980日元（含税）
> 卫衣：1,480日元（含税）

　　属性选择器是根据"属性·属性值"的有无而进行元素选择的选择器。

▼HTML

```
<h1>推荐链接</h1>
<ul>
  <li><a href="http://press.ustc.edu.cn/">中国科学技术大学出版社</a></li>
  <li><a href="https://www.w3.org/">W3C - World Wide Web Consortium</a></li>
  <li><a href="http://webdesign-manga.com/">用漫画学会Web设计 网站</a></li>
  <li><a href="https://twitter.com/webdesignManga">用漫画学会Web设计 推特</a></li>
</ul>
```

▼CSS

```
/* href的属性值中有"Web"元素的文字颜色设为红色*/
a[href*="Web"] { color: red; }
```

▼显示结果

推荐链接
- 中国科学技术大学出版社
- W3C – World Wide Web Consortium
- 用漫画学会Web设计网站
- 用漫画学会Web设计推特

　　伪类是设定某个元素在特定状态下的样式规则时使用的选择器。例如在链接被点击前、链接被点击后、光标放到链接上面时这三种状态下，为链接设置不同颜色时可用伪类。

▼CSS

```
a: hover { color: red; } /* 光标放在链接上时文字颜色为红色*/
```

▼显示结果

推荐链接
- 中国科学技术大学出版社
- W3C – World Wide Web Consortium
- 用漫画学会Web设计网站
- 用漫画学会Web设计推特

另外,"伪类"的名字中虽然有"类",但它与类选择器没有任何关系。

◆ 元素选择器·伪元素　二类士兵

"元素选择器·伪元素"是同一阶层的士兵,虽不可违抗国王、大臣、公主、将军,但对女仆有发令权。

元素选择器,正如其名,就是通过元素的种类来设定样式规则的一种选择器。

▼HTML　源代码

```
<span>2,980</span>日元 (含税)
```

▼CSS　源代码

```
span { color: red; } /* Wakaba酱新加的样式规则*/
```

▼显示结果

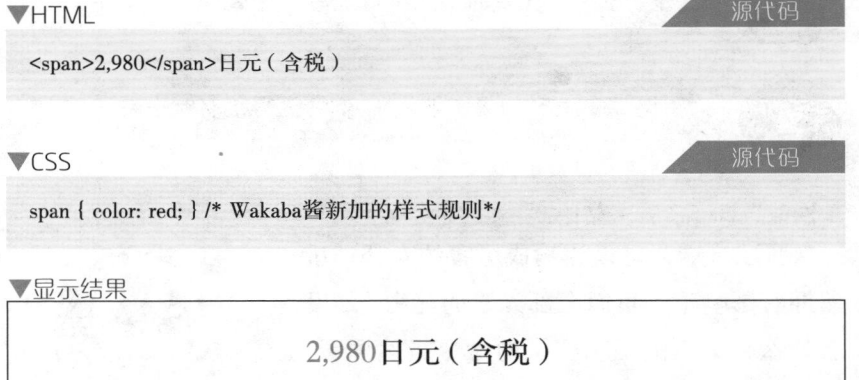

2,980日元 (含税)

使用伪元素,可以对 HTML 中没有被标记的范围进行样式规则的设置。例如,改变某个元素第一个字的颜色,添加 HTML 上不存在的元素,等等。

伪类的设定需要一个冒号,而伪元素的设定则需要两个冒号。两者比较相似,请注意区分。

▼HTML　源代码

```
<p>CSS酱是超人气网红 </p>
<p>很快会正式出道!? </p>
```

▼CSS

源代码

```
p::after {
    content: "( 本人原话 )";
}
```

▼显示结果

> CSS酱是超人气网红（本人原话）
> 很快会正式出道!?（本人原话）

 等一下! 你在我的个人主页上写了什么!

 别着急, 大家如果了解CSS, 就会觉得很有意思哟。

◆ 通配选择器　厉害女仆

　　通配选择器可以比喻成厉害的女仆。虽然拥有影响整个页面全部元素的能力, 却没有什么权力。国王和公主的命令当然要听, 其他人的命令也要服从。

▼CSS

源代码

```
* { /* 重置默认留白 */
    margin: 0;
    padding: 0;
}
```

　　星号"*"是通配选择器的标记。通配选择器, 曾经有段时间被CSS 重置使用。

 CSS 重置是什么?

各个浏览器都有一套默认的CSS样式规则,但这些样式规则的属性值并不完全相同。为了让各个浏览器的页面外观统一,会在开始把各自默认的样式规则统一重置。这就是CSS重置。

用通配选择器把所有元素的样式规则统一设置,也是很方便的。但反过来,有以下的劣势:

- 默认样式规则的好处全部被消除
- 被重置的部分需要重新写入(时间成本增加,CSS 更臃肿)

所以,现在主流的做法是"不使用通配选择器,而只是重置那些需要修改的元素"。

强度数值化

关于选择器强度的判断标准,这里再稍微多介绍一下。实际上,每个选择器都有自己的特指度。

▼选择器的特指度

选择器的种类	特指度
!important	无特指度,但拥有最优先权
内联(行内)样式	1.0.0.0
id 选择器	0.1.0.0
类选择器、属性选择器、伪类	0.0.1.0
元素选择器、伪元素	0.0.0.1
通配选择器	0.0.0.0

什么东西? 还是有点儿不明白。

很简单哟,数数各阶层的人数就明白了。

▼特指度示例

选择器	特指度			
	大臣	公主	将军	士兵
p	0	0	0	1
.class	0	0	1	0
.class1 .class2	0	0	2	0
p.class	0	0	1	1
p.class::after	0	0	1	2
#id	0	1	0	0
#id p	0	1	0	1

 其中,最弱的选择器是特指度为 0.0.0.1 的 "p",最强的选择器是特指度为 0.1.0.1 的 "#id p"。这样,强度就可以确定了。

◆ 超方便!特指度计算工具

对于简单的选择器代码,其特指度可以用大脑计算。如果是复杂的代码,就很不容易算清楚,这时下面这个网站就会非常地有用了。

• Specificity Calculator(http://specificity.keegan.st/)

▼Specificity Calculator

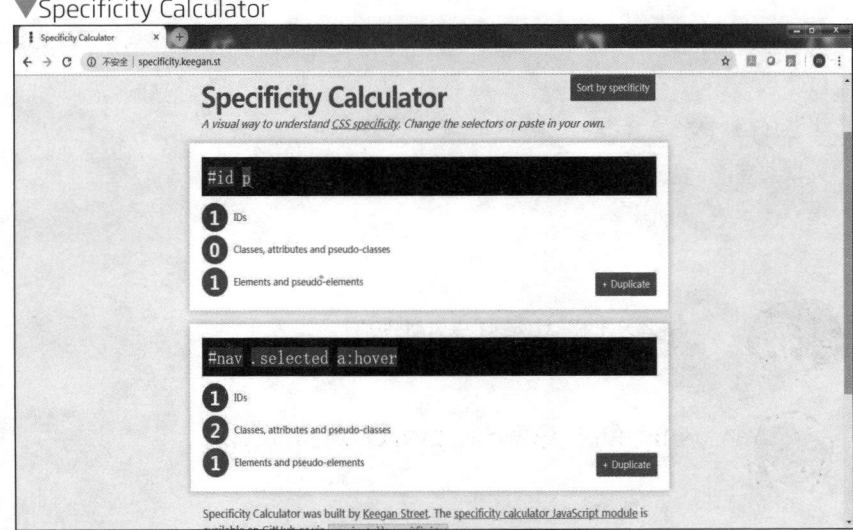

　　只要复制和粘贴一下选择器，网站就可以计算出它的特指度。而且会用不同的颜色区分不同种类的选择器，所以每个选择器影响的强度值也都一目了然。

专栏　用"每个阶层的人数"来计算特指度

　　如果了解得更详细一点儿，你可能听过"特指度的分数制"，具体如下：

- 一个内嵌（行内）样式 1000 分
- 一个 id 选择器 100 分
- 一个类选择器 10 分
- 一个元素选择器 1 分

　　实际上，这种计算方式有漏洞。

▼用分数制计算特指度

选择器	特指度
#id1 #id2 {	100 + 100 = 200
#id1 .class1 .class2 ⋯ .class11 {	100 + 10 × 11 = 210 ◀──

这个胜?

　　发现哪里不对了吗？

　　这种计算方式会导致"10 个将军 =1 个公主的权利"，而实际上 CSS 中没有"集合 10 个将军就可以命令公主"这样的规则。

▼用每个阶层人数的方法计算特指度

选择器	特指度			
	大臣	公主	将军	士兵
#id1 #id2 {	0	2	0	0 ◀
#id1 .class1 .class2 ⋯ .class11 {	0	1	11	0

正解是这个胜

　　这个才是正确的计算方式。

　　总结：用分数制计算特指度，有可能会出现胜负倒置的情况。所以，还是用每个阶层的人数来计算特指度吧。

26 内边距和外边距的区别

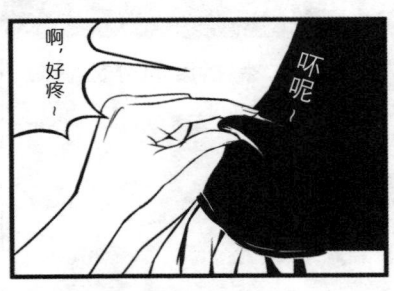

现在一起来学习下内边距（padding）和外边距（margin）的区别吧。最开始可能会觉得有点儿复杂，一旦对其有了画面感，立马就会明白了。

Padding 的画面感是元素胖了。

Margin 的画面感是把禁止入内的范围扩大了。

如果没有 padding 和 margin，相邻元素之间就会完全没有间隔而挤在一起。

使用 padding 和 margin，可以设置元素之间的间隔，进而实现理想中的页面布局。

图解 padding 和 margin

在网页制作中，会有"在元素之间设置一定空白"的需要。这时候用的就是 padding 和 margin。

无论使用 padding 和 margin 中的哪一个，都可以设置空白。但是它们所设置空白的含义并不相同。

功能	说明
padding	边内侧的空白（内边距）
margin	边外侧的空白（外边距）

只看这个文字说明，很难理解两者之间的区别到底是什么。那么，下面用插图来解释一下。

实际上，网页中的图像或文字被三层包围着。从最内侧开始，依次是 padding、border（边框）、margin，这称为 CSS 的框模型（Box Model）。

为了确认它们的存在，请用 CSS 实现上图的外观。在你下载的源代码文件中，有一个"小课程"文件夹，请打开它。

▼box01.html　　　　　　　　　　　　　　　　　　　　源代码

```
<img class="frame" src="images/wakaba.jpg">
```

▼css/box.css

```
.frame {
    background-color: #FFF6FA;
    border: 10px solid #FF90C7;
    padding: 30px;
    margin: 60px;
}
```

▼CSS 适用前

▼CSS 适用后

使用场景分别如下：

- padding 的画面感是元素胖了
- margin 的画面感是把禁止入内的范围扩大

在 padding（元素胖的部分）中，可以涂上背景色。在 margin（禁止入内的范围）中，无法涂上背景色。使用这个特质，可以调整发送按钮的样式。

① 没有设置 padding 和 margin 的状态。

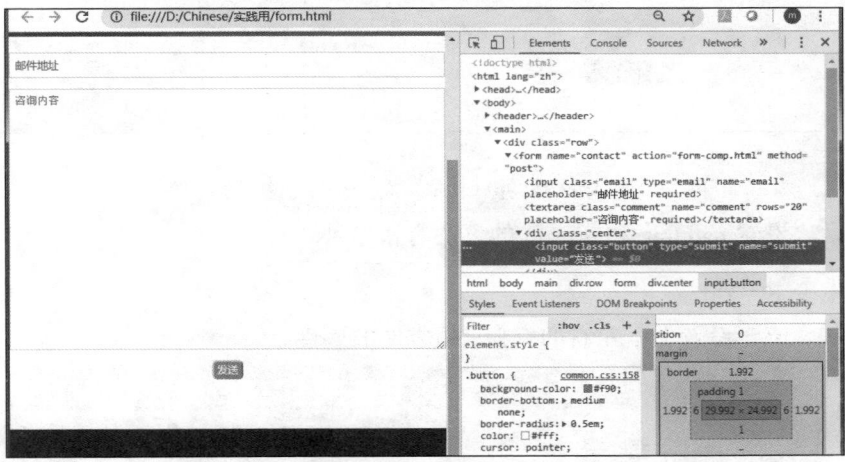

② "发送"按钮太小了，为了让它变胖，设置了 padding。

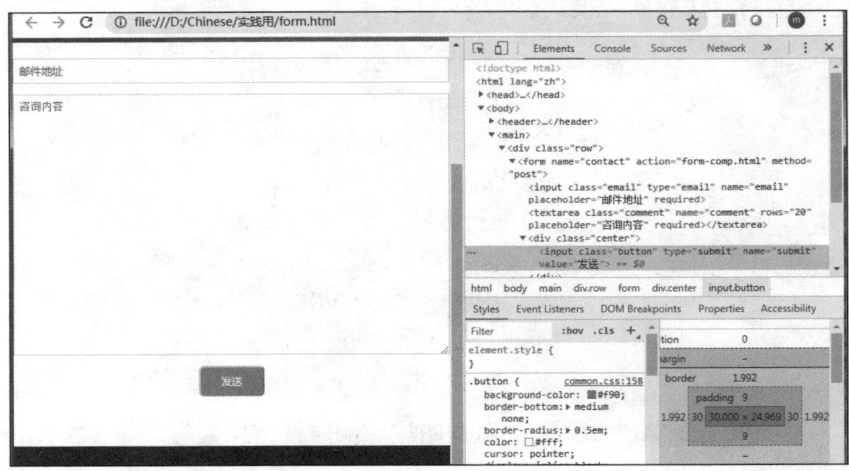

③ 与周边其他元素之间的间距太小，显得很局促，通过设置元素下方的 margin 来拓展空间。

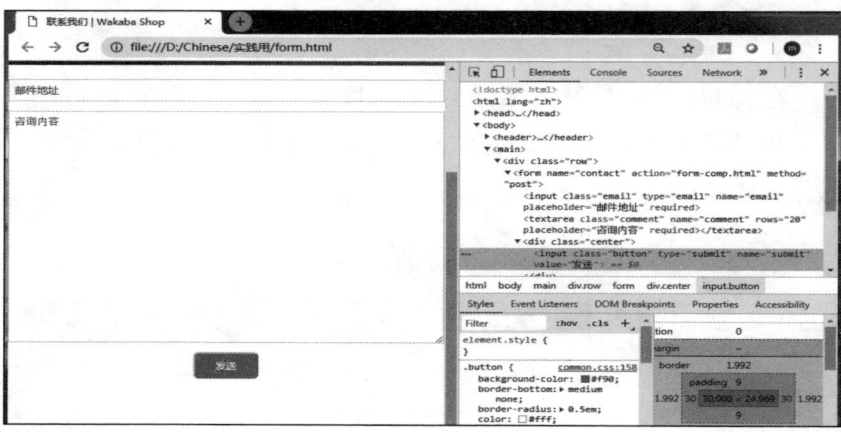

✒️ 设置 padding 和 margin 的方法多种多样

设置 padding 和 margin 的方法有很多种。

◆ 上下左右统一设置

统一设置上下左右的空白，超方便的属性。

属性	含义
padding	上下左右的 padding 统一设置
margin	上下左右的 margin 统一设置

值的写法有四种模式。

属性	含义
padding: 上下左右;	padding: 10px; （上下左右各 10px）
padding: 上下 左右;	padding: 10px 20px; （上下各 10px，左右各 20px）
padding: 上 左右 下;	padding: 10px 20px 30px; （上 10px，左右各 20px，下 30px）
padding: 上 右 下 左;	padding: 10px 20px 30px 40px; （上 10px，右 20px，下 30px，左 40px）

注意，设置 4 个值时，从上开始按照顺时针方向设置。

◆ 上下左右分别设置

也可以分别设置上下左右的值。

属性	含义
padding-top	设置上方内边距
padding-bottom	设置下方内边距
padding-left	设置左侧内边距
padding-right	设置右侧内边距
margin-top	设置上方外边距
margin-bottom	设置下方外边距
margin-left	设置左侧外边距
margin-right	设置右侧外边距

margin 的特例，纵向排列的元素外边距会相互重叠

margin 是把禁止入内的范围扩大，但是也有例外。在元素纵向排列时，相邻部分的 margin 会重叠。例如，把上下 margin 为 60px 的元素纵向排列，即 60px+60px，其间隔应该是 120px，但实际上，60px 和 60px 重叠后，间隔还是 60px。

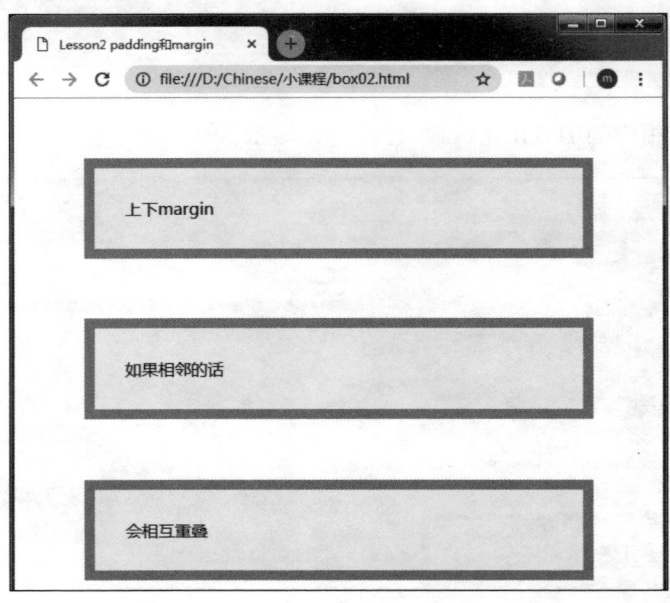

话虽这么说，但 margin 不是透明的吗？只看网页，还是完全看不懂从哪儿到哪儿是 margin 呀。

这时，请用开发者工具来确认。这最初是Google Chrome附带的功能，Wakaba酱，你也很快会使用的。

① "小课程"文件夹（从前言提供的网址或二维码中获取）里有一个 box02.html 文件，用浏览器把它打开。确认后，在元素的上面点击右键，点击"检查"（1）。

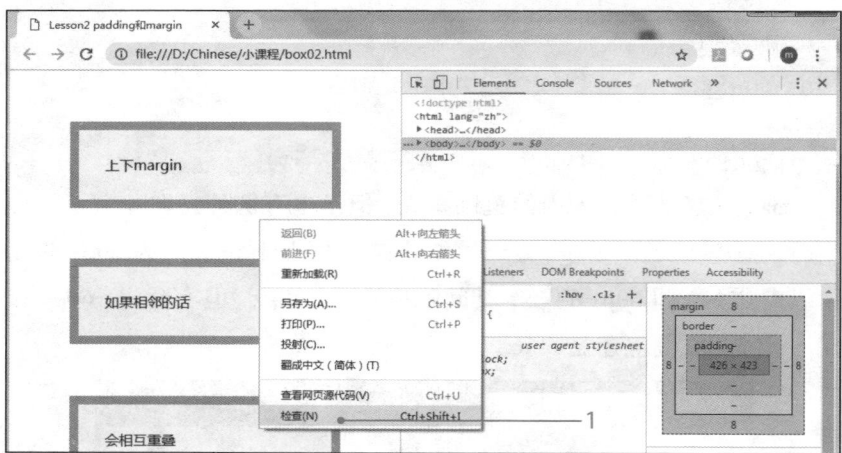

② 相应的 HTML 和 CSS 会被高亮显示。

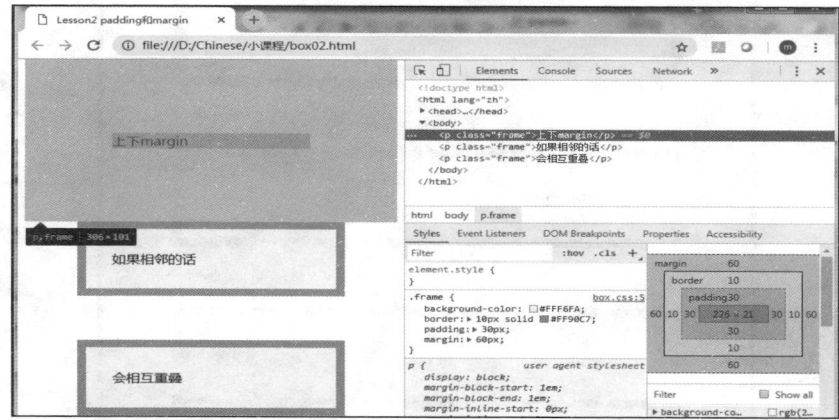

③ 把鼠标放到右侧框模型的图上，鼠标放置的那个属性和它对应的网页外观都会附上相同的颜色，这样每个属性设置的是网页外观的哪一部分就一目了然了。

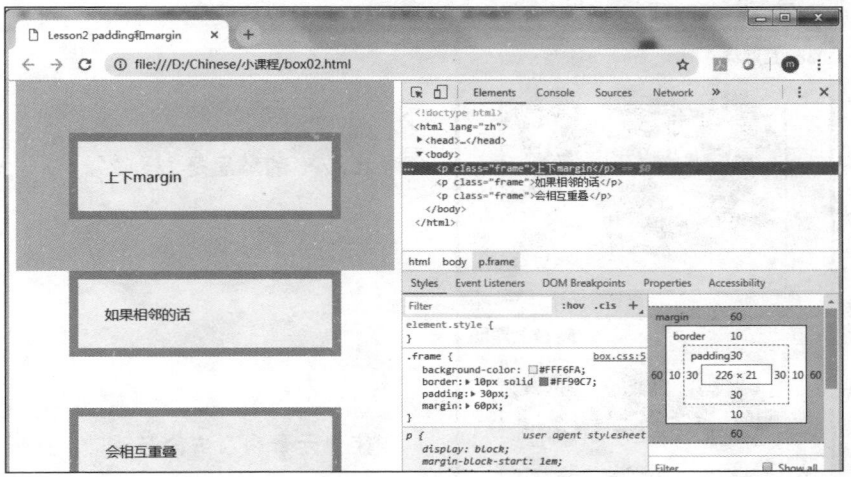

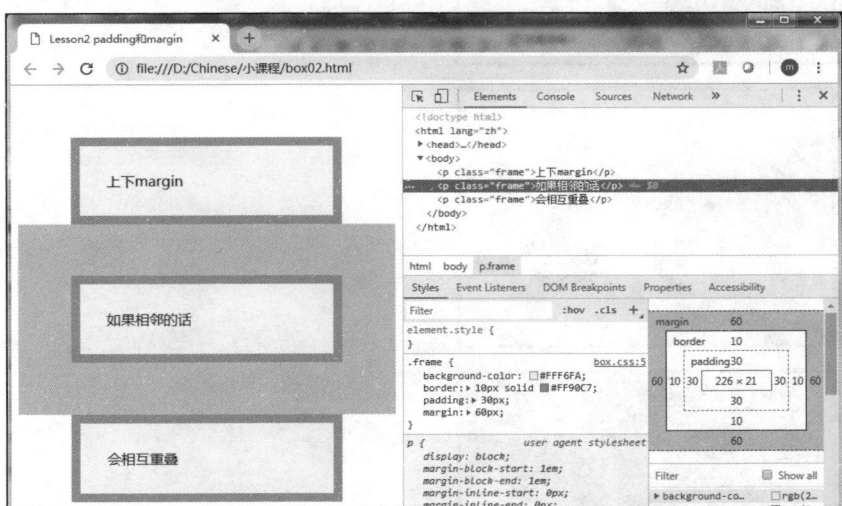

 哦，这样就完全能理解 margin 的重叠了。

27 用浮动把元素围起来

float 的意思是"浮动"。

能让元素向左或向右浮动。

使用 float 的效果是什么呢?

使用 float 属性，可以让元素自动地向左或向右靠拢，这时，后面的元素将会按照顺序围上来。

float属性可设置的值	含义
left	向左浮动
right	向右浮动
none	无浮动

▼没有设置 float

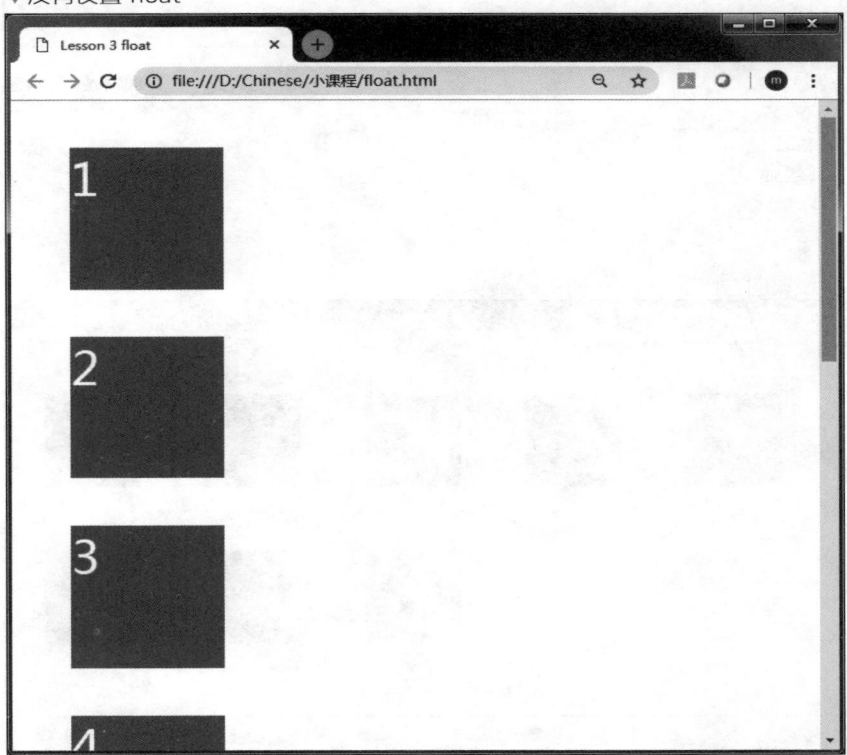

▼CSS　　源代码

```
.float {
  float:none;
}
```

▼设置向左侧浮动

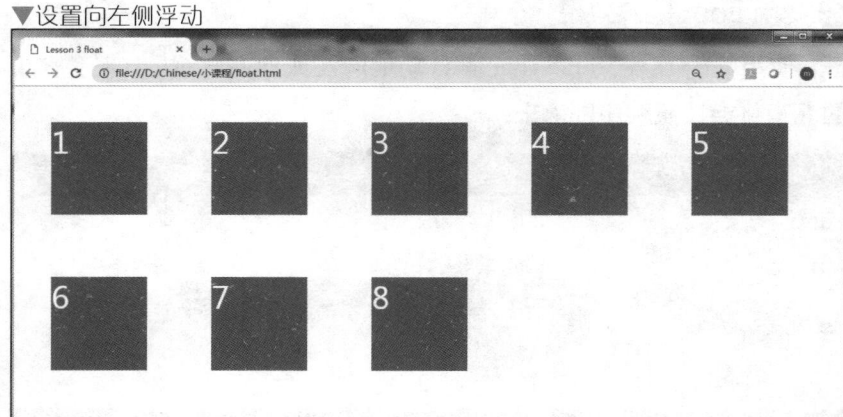

▼CSS

源代码

```css
.float {
    float:left;
}
```

▼设置向右侧浮动

▼CSS

源代码

```css
.float {
    float:right;
}
```

解除 float 的方法

一旦设置了 float，后面的元素都会一个接一个地包围上来。如果要结束 float，该怎么办呢？

▼想解除 float

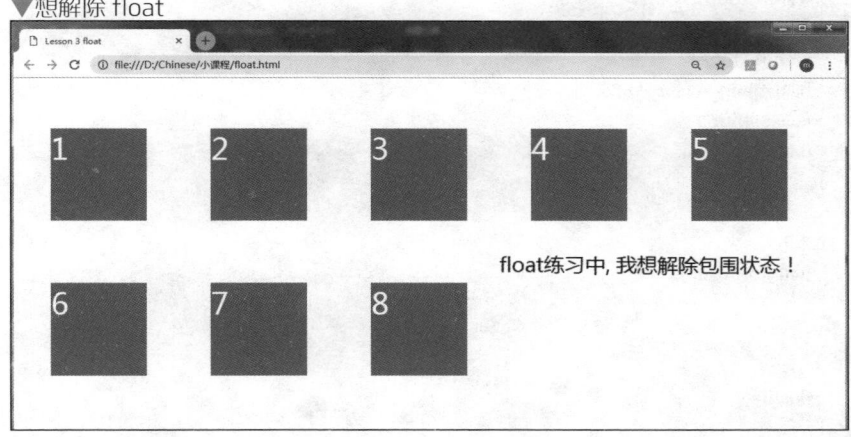

这时需要用 clear 属性哟。
可以在指定元素的前面解除 float。

分别打开"小课程"文件夹（从前言提供的网址或二维码中获取）中的 float.html 和 CSS/float.css 文件，添加红色的部分。

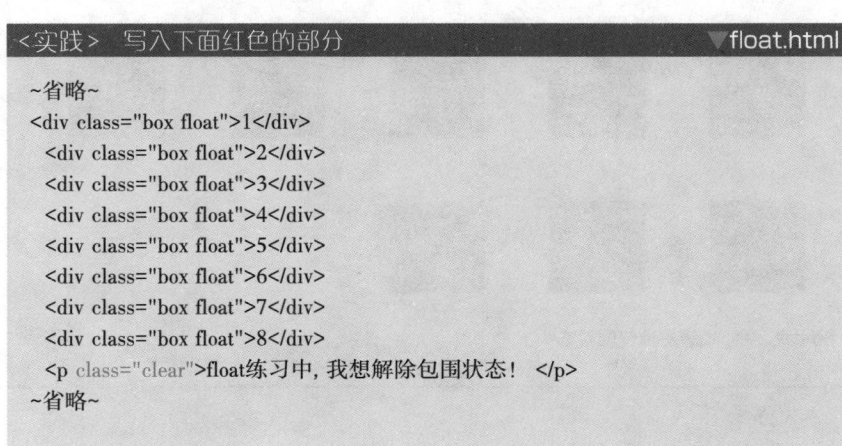

```
<实践>  写入下面红色的部分                              ▼float.html
~省略~
<div class="box float">1</div>
  <div class="box float">2</div>
  <div class="box float">3</div>
  <div class="box float">4</div>
  <div class="box float">5</div>
  <div class="box float">6</div>
  <div class="box float">7</div>
  <div class="box float">8</div>
  <p class="clear">float练习中, 我想解除包围状态！ </p>
~省略~
```

<实践>　写入下面红色的部分　　　　　　　　　　　　　▼float.css

```
@charset "utf-8";

.box {
  width: 150px;
  height: 150px;
  margin: 50px;
  background-color: #888;
  color: #FFF;
  font-size: 3em;
}

p {
  font-size: 2em;
}

.float {
  float:left;
}

.clear{
  clear: both;
  }
```

▼float 解除成功

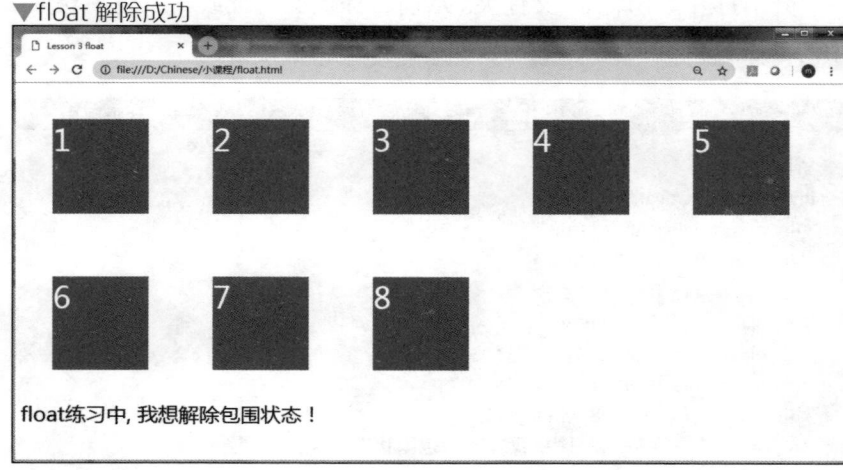

如果能熟练地使用 float, 就可以实现理想的页面布局哟。
实际上, 下面这个页面也使用了 float。

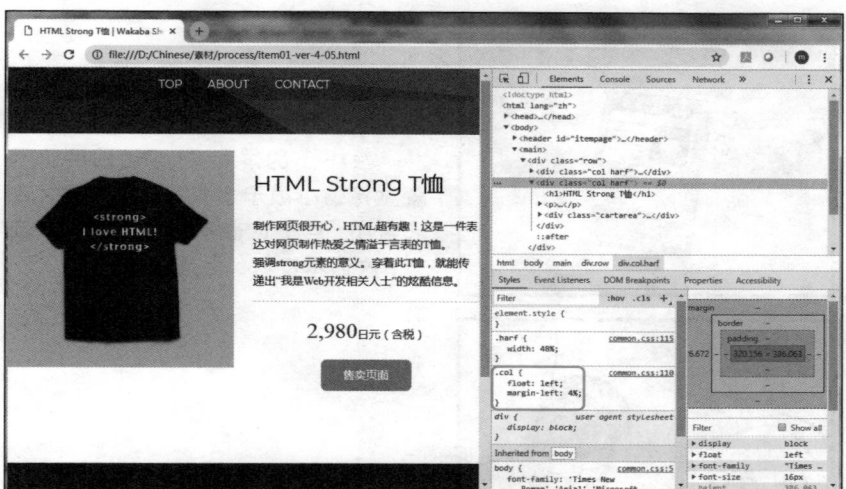

真的耶! 因为使用了float, 图片和文字才横着排列。

28 适配智能手机的方法

你有用智能手机打开过 PC 端的网页吗？

在小小的屏幕中，PC 端的页面就直接缩小展示出来，文字和图片都非常小，点击也很不方便。对用户而言，这很不友好，也是一种压力。

用 CSS 能让页面自动适配智能手机的屏幕。

在屏幕宽度变窄的情况下，右侧的列下移，图片从宽度上占满整个屏幕。这样就适配了智能手机，打开之后看起来也会舒服很多。

🖱 适配智能手机

　　很久以前，网页只能在电脑的显示屏上展示。但是，在智能手机和平板电脑普及的今天，网页在电脑上展示的机会已经减少了很多。

　　为了"制作在不同尺寸的屏幕上都可以友好展示的网页"，有人便提出了响应式 Web 设计（responsive web design）。

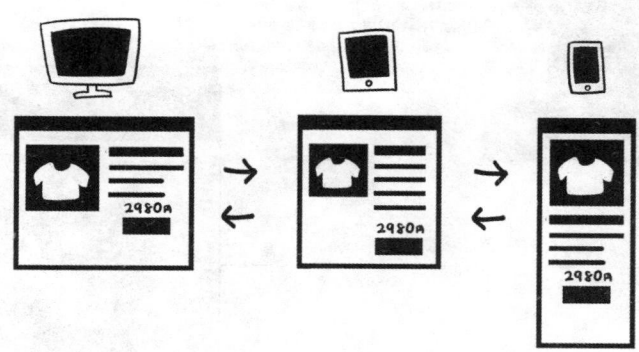

🖱 响应式 Web 设计的概念

> 提出者伊桑·马尔科特（Ethan Marcotte）对其概念的解释如下。

- 流体网格（fluid grid）实现页面布局
- 弹性图片（flexible images）
- 使用 CSS3 的媒介查询（media query）功能

> 弹性（flexible）是什么意思？

> 意思就是灵活又融通。
> 为了适配不同的屏幕，页面布局和图片大小会随之而变。
> Wakaba 酱的网页已经进行了简单的响应式 Web 设计配置。
> 现在把浏览器的宽度变窄试试吧。

4

CSS～让外表华丽起来～

4
CSS～让外表华丽起来～
5
6
7
8

本来在右侧的模块整体下移，图片的宽度扩充到整个屏幕。这样，在智能手机上浏览时，页面也会友好很多。

响应式 Web 设计的优势

响应式 Web 设计的优势如下。

◆ 节省 HTML 文件的运营成本

以前，会为电脑显示屏和智能手机显示屏部署不同的 HTML 文件，这种根据用户使用的终端设备的种类而在服务器上配置不同 HTML 文件的方式很常见。弊端是，当网页中只有一个地方需要修改时，而需要更新的 HTML 文件却有两个。

相比之下，在响应式 Web 设计中，适配不同终端的工作由 CSS 进行，因此只需要更新一个 HTML 文件就可以了。

◆ 可以统一 URL

根据终端设备的种类在服务器上配置不同 HTML 文件的情况下，从结构上 URL（统一资源定位系统）就是不同的。对于响应式 Web 设计，无论是在电脑上还是智能手机上，打开网页的 URL 都是同一个。

URL 统一的好处有很多。例如，看到一篇有趣的文章，想把它转发到推特上时，如果电脑和智能手机对应两个 URL，就会出现不知道应该转发哪一个网址的情况。而响应式 Web 设计的 URL 只有一个，因此用户只需要把网页简单地分享出去就可以了。

另外，在 Google 发布的《移动 SEO 优化指南》中，也推荐使用响应式 Web 设计。URL 统一化，在 SEO（参考第 38 节的内容）上也有如下的优势：

- 提升被 Google 检索的效率
- Google 的索引属性分配可以正确地进行

响应式 Web 设计的劣势

对优势明显的响应式 Web 设计而言，在某些情况下，响应式 Web 设计并不一定是最适合的，也有如下的劣势：

◆ 网站的加载时间变长

　　使用响应式 Web 设计时，无论是电脑还是智能手机，读取的都是同一套代码、同一张照片。相比于智能手机专用的网页，其加载时间很容易变长。

◆ 页面布局的自由度降低

　　使用响应式 Web 设计，HTML 代码是同一套，且只在 CSS 上进行切换显示器的配置。正因为这个特性，有时候页面布局可能会不那么完美。在接收网页制作的任务时，关于这一点，有必要事先获得理解。

改变外观的结构

　　那么，响应式 Web 设计是用什么样的结构来实现对外观的改变的呢？

根据屏幕的宽度，可以发出相应的指令。这个功能叫做媒介查询。

▼common.css　　　　　　　　　　　　　　　　　　　　源代码

```
/* ----------------------
 屏幕宽度在599px以下时使用( 用于智能手机 )
 ---------------------- */
@media screen and (max-width: 599px) {
  .col {
    float: none; /* 解除float浮动，排成一纵列 */
    margin-left: 0; /* 左外边距设为0 */
    width: auto; /* 宽度填满( 重置百分比% )*/
  }
  .row {
    padding: 0 8px; /* 设置左右各8px的内边距 */
  }
}
```

"@media screen and (max-width: 599px)"这段代码，是在指定宽度599px以下这个条件。

是的，只有在宽度低于 599px 的情况下，.col 和 .row 所规定的样式才会进行覆盖。

覆盖……？
哦，对了，这是在使用CSS的特指度相同，后面的样式规则会优先执行的特性。

这么短的时间就能理解到这里，果真没有辜负我的期望！
让你做 Web 界的第二偶像吧，快跟上！

偶像？我并不是太想做……啊，不要啊，你要干什么！

4　CSS～让外表华丽起来～

173

专栏　用漫画理解乱码的原因

◆乱码是什么

　　明明是用日文写的文章，怎么用网页打开后是含义不明的文字或符号的罗列？这种现象就被称为"乱码"，是浏览器对字符编码判断失败的一种状态。

◆如果发生乱码，该怎么办？

　　如果发生乱码，请让以下两处一致：

- head 元素中指定的字符编码规则
- HTML 文件自身的字符编码规则

　　只要它们一致，大部分时候都可以解决乱码的问题。

◆检查head元素中指定的字符编码规则

　　首先，确认 head 元素内指定的字符编码规则。

▼HTML   源代码

```
<head>
  <meta charset="UTF-8">
~省略~
</head>
```

　　在上例中，我们看到 head 元素中指定的字符编码规则是 UTF-8.

设置 meta charset 的值后，向浏览器传递"请用这个字符编码规则来显示网页"的指令。

◆检查HTML自身的字符编码规则

　　HTML 自身是用什么字符编码来保存的呢？这可以用编辑器来确认。

用 Atom 打开时，屏幕的右下方会显示现在打开的文件所使用的字符编码规则。

需要变更时，点击显示字符编码规则的地方（本例是 UTF-8）。

这样，字符编码规则的选择页面就会显示出来了（默认为 UTF-8）。

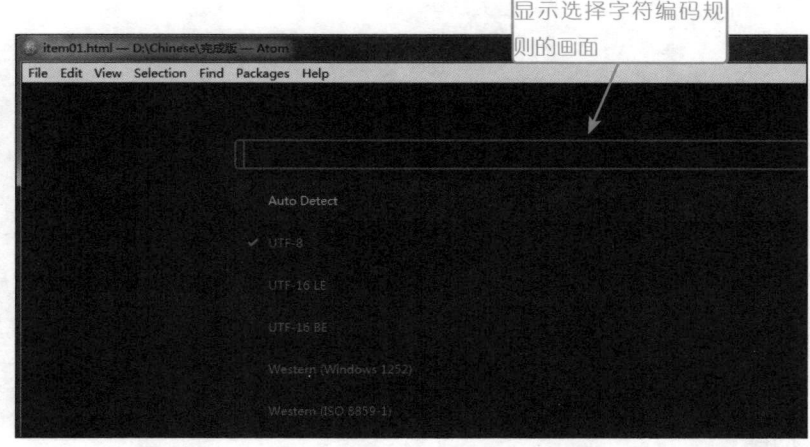

在这里，设置与 head 元素中一样的字符编码规则，覆盖并保存。然后，刷新页面，乱码就会消失了。

◆推荐使用UTF-8

在 HTML5 中，推荐使用 UTF-8！UTF-8 是在"把全世界的文字统一编码进行管理"的思考下制作出来的字符编码规则。所以，即使在其他国家，也可以把日文网站正常地展示出来。当然，本书的示例代码用的也是 UTF-8。

虽说推荐使用 UTF-8，但是修改某个网站时，还是要配合这个网站本身使用的字符编码规则。

不然的话就会显示乱码！
我说CSS酱，直播呀，你的妆是不是化得太浓了？

虽然不允许"文字化妆"(乱码)，但我自己的妆怎么化都是 OK 的哟。

5

JavaScript

~简直是魔法，让网页动起来了呀~

JavaScript 是什么?

在制作网页时，会遇到 HTML 和 CSS 无法实现的情况。

这时候，就该 JavaScript 出场了。

编写 JavaScript，并不需要特殊的环境或软件。它的魅力就在于可以便捷地随时开始编写。

JavaScript 是什么?

　　像幻灯片放映一样,图片可以自动切换;鼠标光标放置某位置后,目录自动出现,这样的网页见过吧? 它们大多是用 JavaScript 制作完成的。

◆ JavaScript 简直就是魔法师

　　首先,让我们对 JavaScript 有个大致的印象。

绘本　　　　　　　　　　　功能绘本(会动!)

 有动画装置的绘本,简直就是魔法呀!

 嘿嘿嘿,大概就是这样的印象吧。

◆ 和 HTML、CSS的不同

　　HTML 是标记语言,CSS 是样式表语言。JavaScript 则是编程语言。

　　在日常生活中,你应该听到“程序”这个词。例如,运动会的程序如下,从上到下按照顺序把要做的事情排成一个列表。

　　① 入场

　　② 启动仪式

　　③ 100 米短跑

　　……

电脑里的程序也是一样的。放映幻灯片时，会发出如下指令:

① 最开始展示图片 A

② 2 秒后切换为图片 B

③ 5 秒后切换为图片 C

……

JavaScript 可以做到一定时间后切换图片、用户把鼠标悬浮在表面时图片扩大等基于时间或用户动作的交互，这是 JaveScript 的特征。

HTML和CSS做不了这么高自由度的事情呢。
我们基本上只是把写下来的东西展现出来。
如果碰到HTML和CSS无法做到的事情，就借助于 JavaScript吧!

◆ JavaScript 是脚本语言

JavaScript 属于编程语言中的脚本语言。脚本语言是在执行程序前不需要编译的一种编程语言。

编译是把人类写下的源代码翻译成计算机可运行的机器码的过程。例如，C 语言、Java 就是在运行前需要编译的编译语言。

注意，Java 和 JavaScript 虽然名字相像，但它们是两种完全不同的编程语言。

试着写一写 JavaScript

对于 JavaScript，只要有文本编辑器和浏览器，就可以马上开始工作喽。

◆ 最简单的 JavaScript

试一试，把下面这段代码插入 item01.html 中，插到 head 元素或 body 元素内都有效。

<实践>　用报警的形式显示"test"　　　　　　　　　▼item01.html

```html
<script type="text/javascript">
<!--
  alert("test");
-->
</script>
```

用浏览器打开，如果弹出的内容为"test"的报警对话框，就成功了。

另外，JavaScript 可以实现的主要功能还有：

• 计算

• 鼠标点击或悬停等事件触发的交互

• HTML 的改写、添加、删除

• 样式表的获取、设定等

◆ 常用的功能外部文件化

　　刚刚介绍了在 HTML 中直接写入 JavaScript 代码，但同时也可以引入外部 JavaScript 文件。即把只写有 JavaScript 源代码的文件保存为扩展名是".js"的文件，然后在 HTML 的 head 元素中引用就可以了。

▼引用 sample.js 文件　　　　　　　　　　　　　　　　　　源代码

```
<script type="text/javascript" src="sample.js"></script>
```

和 CSS 一样，读取的是外部文件。

对哟，常用的功能外部文件化，同一个js文件就可以被多个网页引用，这样更方便。

JavaScript 是网站制作中不可或缺的语言，但是它曾经被敬而远之。

2000 年的前半期，是互联网的黎明时期。有人利用浏览器和网站的脆弱性，用 JavaScript 来实现一些恶意的功能。例如，设置程序来无限循环地打开新窗口，从而造成浏览器崩溃，获取用户信息。

结果，人们对 JavaScript 的不良印象就逐渐形成并扩散开来。

- JavaScript 有安全性问题，所以浏览器端要关闭
- 要制作不用 JavaScript 也能顺畅浏览的网页

不过，到了 2000 年的后半期，状况为之一转，JavaScript 作为有价值的技术再次受到人们的关注。尤其是，Google Maps 使用的 Ajax（Asynchr-onous Javascript and XML）技术受到人们的极大欢迎，而 Ajax 技术本质上是异步 JavaScript 和 XML。

早期的地图网站，是把用户点击的位置发送给服务器，由服务器制成地图的图像后再传给前端呈现。这样的方式造成用户点击后需要等待一段时间才能看到地图。

而 Google 地图通过 Ajax 来感知鼠标的位置，只要更新前端信息不足的那部分地图的数据。

另外，近年来，能让 JavaScript 在服务端运行的 Node.js 也备受瞩目。

曾经被敬而远之的 JavaScript，如今已是 Web 界的人气君。让我们一起期待 JavaScript 今后更大的发展。

jQuery 是什么?

召唤出 jQuery，就可以让 JavaScript 更简洁、更简单。

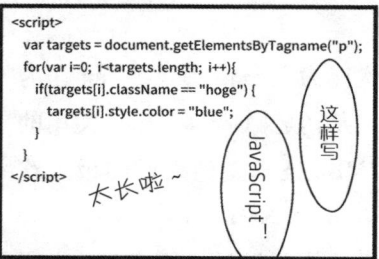

就这样，原本写得很长的源代码，可以变得这么短。

因为 jQuery 可以像 CSS 那样快速地上手，现在已被广泛使用了。

jQuery 是什么？

jQuery 是让 JavaScript 更好用的一套代码库。

程序员约翰·莱西格（John Resig）把 JavaScript 中常用的功能进行了"零件化"，供大家更方便地使用。这些"零件"的集合就是 jQuery。

哎呀，这真的是方便呐。

召唤 jQuery，咏唱的咒语会变短！
写过 CSS，应该可以很快上手的。

◆ 与 CSS相似的代码方式

CSS 是这样写的。

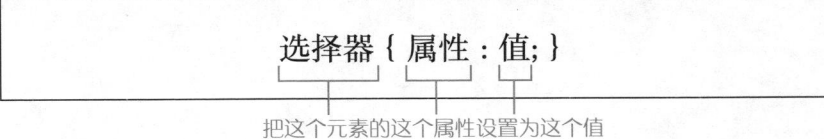

选择器 { 属性 : 值; }

把这个元素的这个属性设置为这个值

▼CSS 示例   源代码

    p.hoge { color: red; }

jQuery 也一样，使用选择器来设定元素。

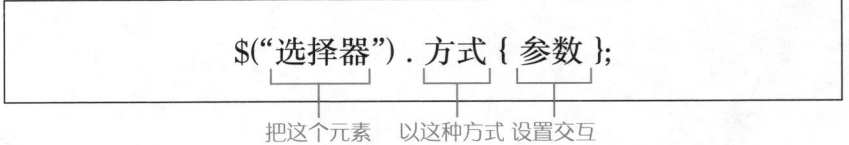

$("选择器") . 方式 { 参数 };

把这个元素　　以这种方式 设置交互

▼jQuery 示例   源代码

    $("p.hoge").css("color","red");

5
JavaScript～简直是魔法，让网页动起来了呀～

189

方式,在这里指的是设定"做什么"。在上例中,使用的是"css( )"这种方式,正如其名,就是通过"css( )"来设置样式。

如果只是改变文字颜色,不用 jQuery,CSS 就够了吧?

吓一跳! 主人,您很敏锐嘛,正是如此。
jQuery真正的价值在与事件相结合时才能发挥出来。

- 鼠标悬停 → 文字颜色变化,隐藏的菜单栏打开
- 点击 → 图片变大

通过这样的组合,实现了"用户做了什么动作,网页有相应的交互(外观发生变化)"的功能。
要不要在后面尝试实现这个功能呢?

31 使用 jQuery 的插件

哇~

先生!

不愧是 JavaScript

这些程序都是你自己写的呀?

魔导书?

不是哟,只是用了别人已经写好的魔导书(插件)。

从零开始写需要开发许多天,如果使用已开源的插件,很快就能实现了。

世界上,有海量的魔导书是开源的哟!

点击展开

图片旋转

需要的时候拿来用就可以啦!

这些插件都是有开发者的。
有些是开源的,可以免费使用,而有些是收费的。
使用前,一定要先确认许可证哟。

Before After

点击卫衣的缩略图，半透明的背景扩大到整个页面，图片也随之
变大而置于背景之上 ①。

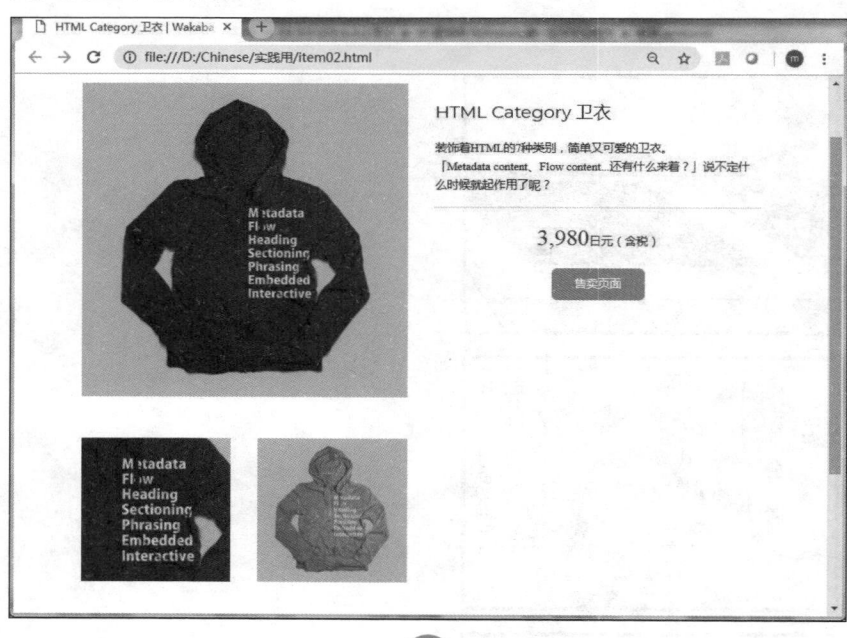

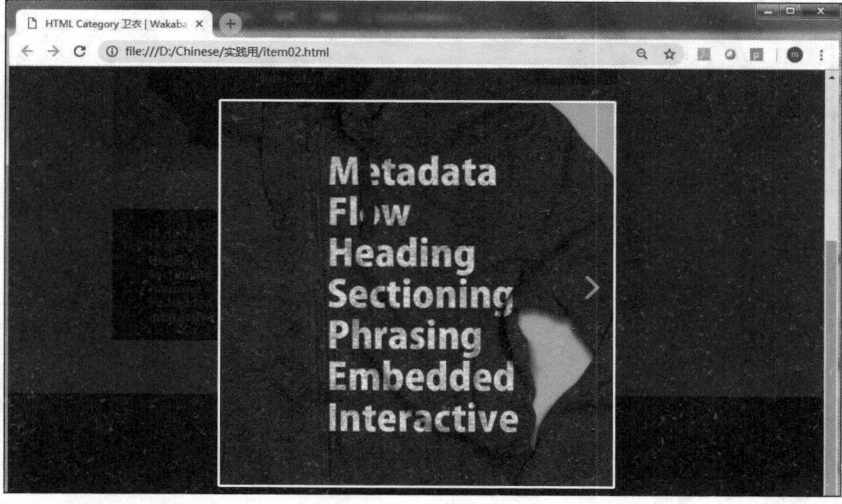

---

① 译者注：此功能的实现需要开通 VPN，因为需要调用的 jQuery 在 Google 服务器上。

5

JavaScript～简直是魔法，让网页动起来了呀～

用"Lightbox"插件

全世界有许多互联网产品经理、程序员开发了海量的开源 jQuery 插件。

这次，我们来用一下特别有名的Lightbox插件。使用Lightbox插件，可以简单地实现"点击图片展开"这个功能。

◆ 召唤 jQuery本体

使用 jQuery 时，首先需要让 jQuery 本身能够被浏览器读取。

召唤 jQuery 的方法有 2 种。

① 调用在 Google 服务器上的 jQuery。
② 从官网下载 jQuery，然后设置到网站的源代码中。

这次我们使用方法①来召唤 jQuery 哟。

在 head 元素中，加上如下源代码。

> **〈实践〉 写入下面红色的部分** ▼item02.html

```
~省略~

  <script src="https://ajax.googleapis.com/ajax/libs/jquery/1.11.3/jquery.min.js"> </script>
    <link rel="stylesheet" href="css/common.css">
    <link href="https://fonts.googleapis.com/css?family=Montserrat" rel="stylesheet">
</head>

~省略~
```

这样，item02.html 就成功地调用了 jQuery。

◆ 下载 Lightbox

首先下载 jQuery 的插件之一 "Lightbox"。

① 搜索 "Lightbox"，或者在浏览器的地址栏输入网址：https://www.lokeshdhakar.com/projects/lightbox2/。登录 Lightbox 网页，点击 "DOWNLOAD"。

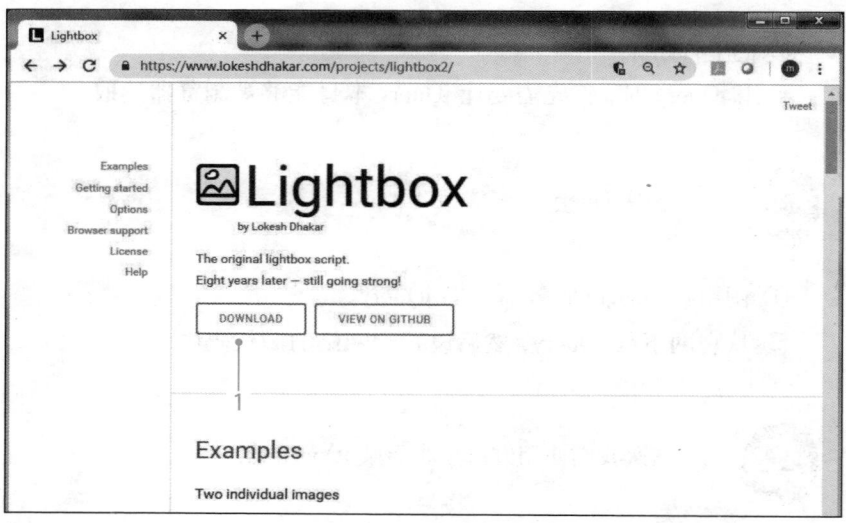

② 一个 zip 文件会被下载下来，双击解压缩，然后放置到某个自己指定的文件夹中。

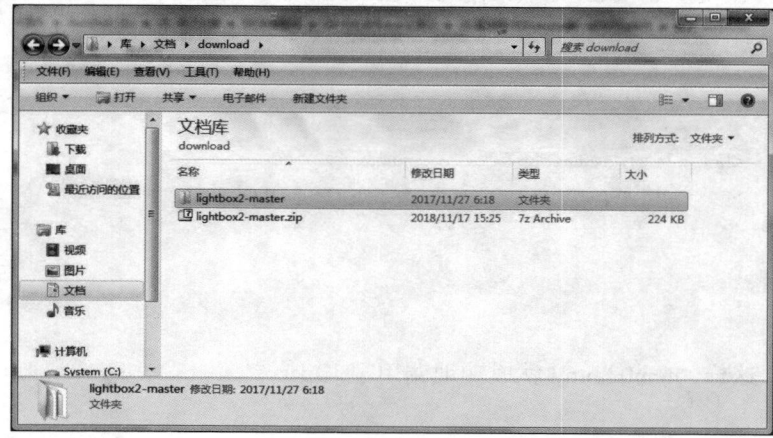

◆ 选择必要的文件

Lightbox2-master 文件夹中的内容构成如下。

要使用的是 src 文件夹中的下列文件：

• css 文件夹中的 lightbox.css

• images 文件夹中的 4 张图片（关闭按钮，加载中，下一页按钮，返回按钮）

• js 文件夹中的 lightbox.js

把这几个文件分别复制到相应的文件夹中。

原文件	目标文件夹
css 文件夹中的 lightbox.css	"实践用"文件夹中的 css 文件夹
images 文件夹中的 4 张图片	"实践用"文件夹中的 images 文件夹
js 文件夹中的 lishtbox.js	"实践用"文件夹中新建的 js 文件夹

◆ 从 HTML文件读取 lightbox.css和 lightbox.js

现在，item02.html 和插件还没有关联起来。下面在 item02.html 中用相对路径的方式读取 lightbox.css 和 lightbox.js。

首先，在 head 元素中，添加读取 lightbox.css 的源代码。

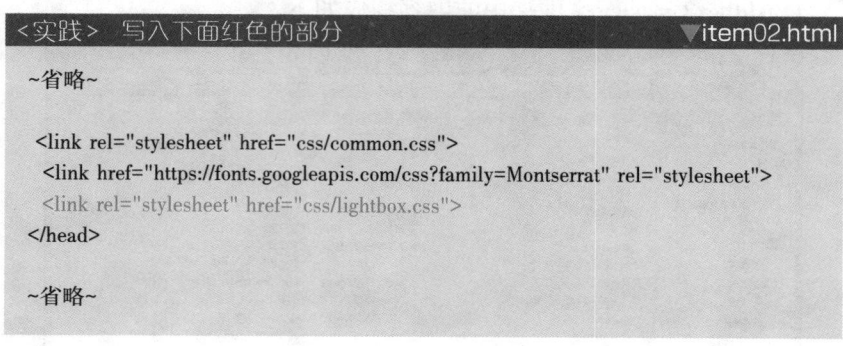

其次，在 body 元素结束标签前，添加读取 lightbox.js 的源代码。

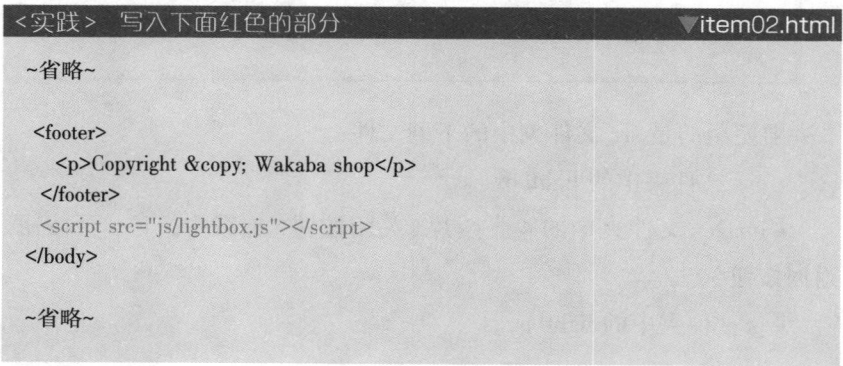

如此，就可以从 HTML 文件中读取必要的文件了。

◆ 设置适配 Lightbox的图片

Lightbox 的适配方法很简单，在 a 元素中加入 "data-lightbox" 这个属性就可以了。

▼设置 data-lightbox 属性　　　　　　　　　　　　　　　　源代码

```
<a href="图片URL" data-lightbox="组名">
  <img src="图片URL">
</a>
```

在 Lightbox 中，当 data-lightbox 属性的属性值相同时，会被当成一个组处理。一个组的图片可以图集化，也就是可以直接进行"下一张""上一张"的切换。

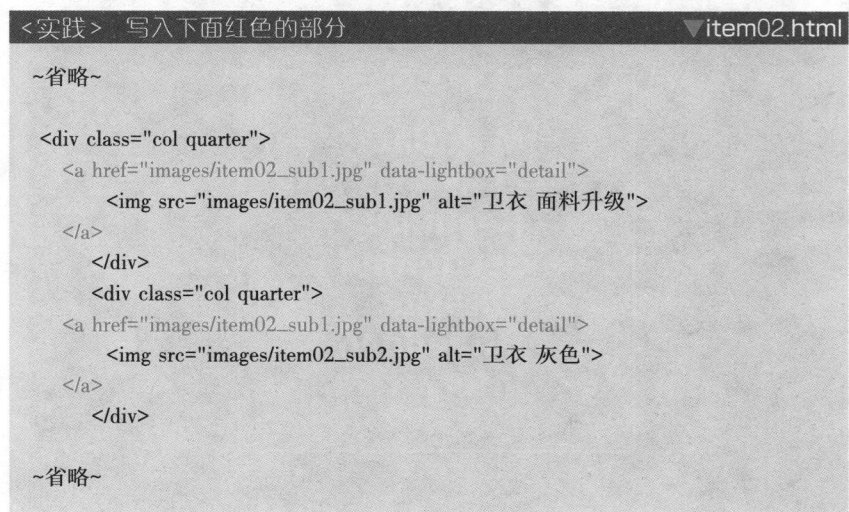

```
<实践>　写入下面红色的部分　　　　　　　　　　　▼item02.html

~省略~

<div class="col quarter">
  <a href="images/item02_sub1.jpg" data-lightbox="detail">
    <img src="images/item02_sub1.jpg" alt="卫衣 面料升级">
  </a>
    </div>
    <div class="col quarter">
  <a href="images/item02_sub1.jpg" data-lightbox="detail">
    <img src="images/item02_sub2.jpg" alt="卫衣 灰色">
  </a>
    </div>

~省略~
```

点击左下方卫衣的缩略图，半透明的背景扩大到整个页面，图片也随之变大而置于背景之上。

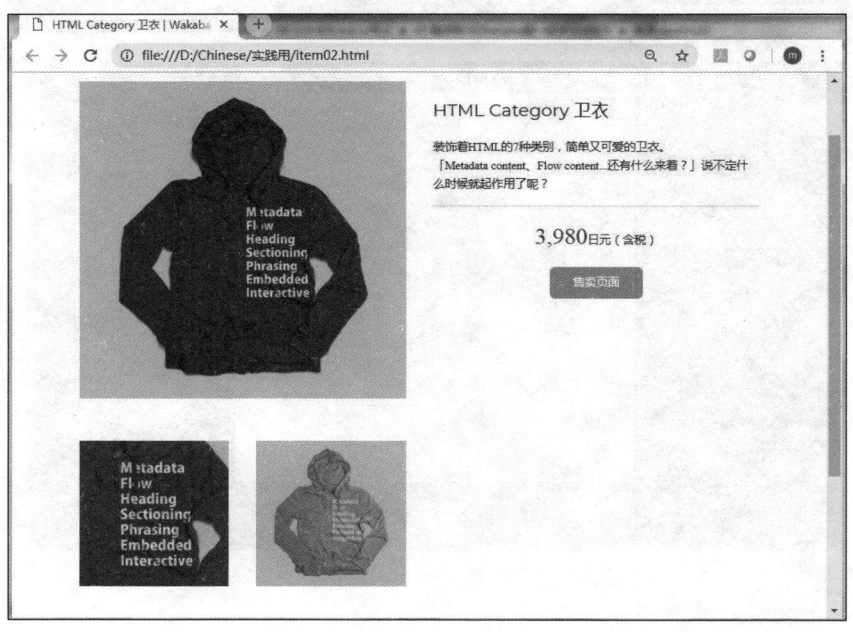

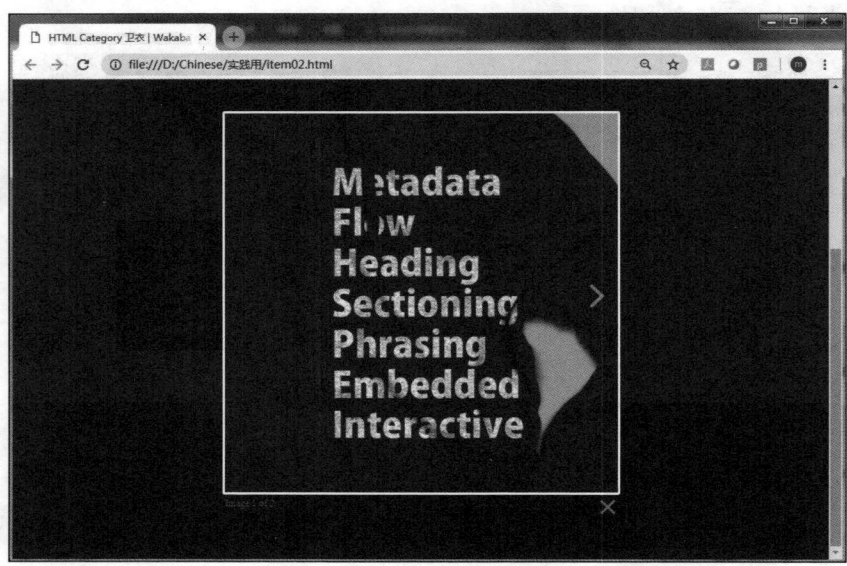

点击向右箭头，可以查看同组的第二张图片。

◆ 为图片添加说明

　　使用 data-title 属性，可以为弹出的图片添加说明。

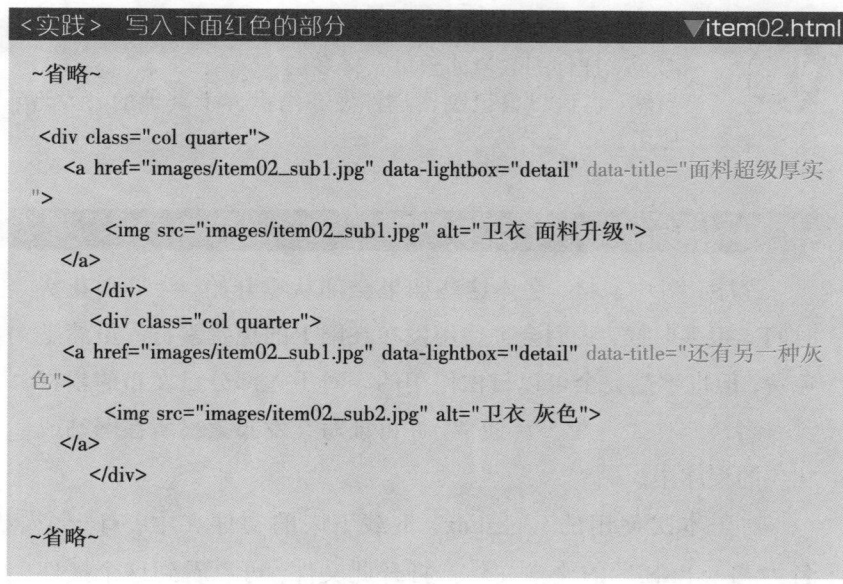

在图片的左下方出现了"面料超级厚实"的说明。

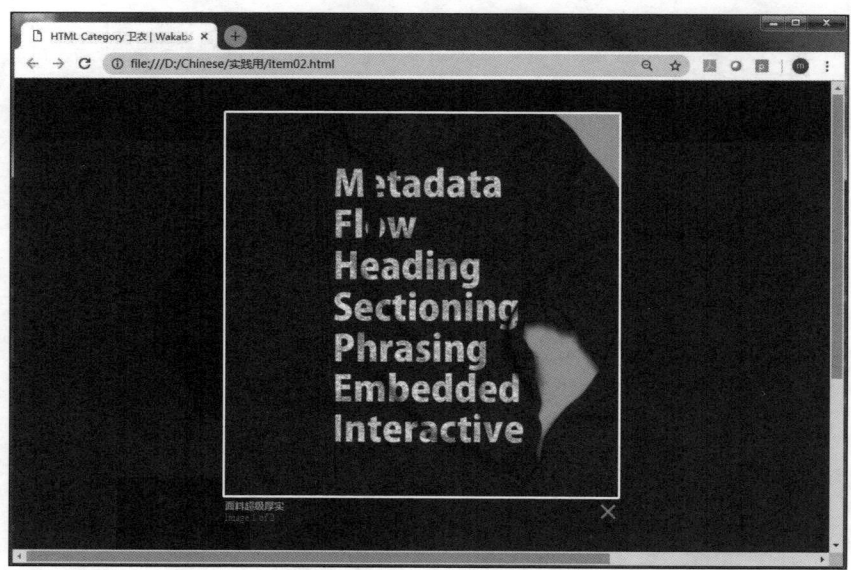

哇，好像一下子就做好了专业的网站！
jQuery 插件好有趣啊！

jQuery 插件的数量如繁星一样多哟。
当然，也可以自己制作插件发布给世界上其他的开发者使用。

专栏　作为互联网产品经理需要知道的关于许可证的事项

　　程序、图片素材、字体这些如果全部从零开始，会特别花费时间。很多时候，我们会去使用发布在网上的免费素材。虽然是免费，但也不是完全可以自由使用的。对于大部分已发布的素材，其作者已制作了许可证。通常，许可证写在发布素材所在网站或相应的程序中。

　　对于本次使用的 Lightbox，下载下来的文件夹中，有一个名为"LICENSE"的文本文件。打开此文件，可以看到这个插件的著作权属于 Lokesh Dhakar，授权条款采用的是 MIT 许可证。

▼Lightbox 的许可证

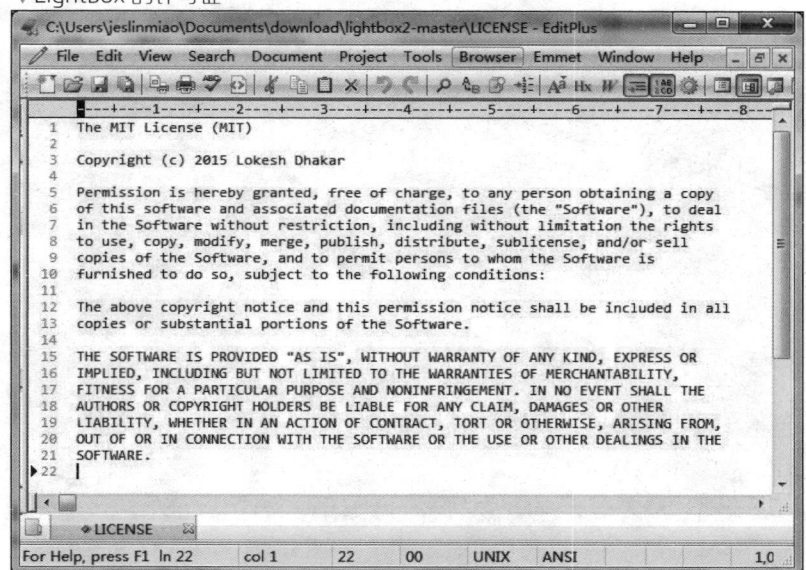

下面，介绍几种具有代表性的许可证。

◆MIT许可证

MIT 许可证的概要如下表。

保障	无担保（自负全责）
用于商业用途	允许
必要的标记	版权声明
	MIT 许可证条文
源代码	无限制，可随意处理

对于使用 MIT 许可证的内容，只需保证两点，就可以自由地使用，包括复制、修改、再发布、用于商业用途、售卖等。

- 所有的责任自己承担
- 再发布时保持原版权声明

◆GPL（GNU General Public License，通用公共许可证）

GPL 的概要如下表。

保障	无担保（自负全责）
用于商业用途	允许
必要的标记	版权声明
	无担保的宗旨
	许可证条文
源代码	允许复制、修改、发布（但需继承 GPL）

在编程中如果使用了 GPL 授权条款的源代码，那么在编的软件或程序自身也会成为 GPL，必须允许复制、修改和发布，这是 GPL 的基本规则。

◆Creative Commons（CC许可协议）

　　Creative Commons 主要是针对照片、字体、Photoshop 笔刷素材等内容的许可协议。互联网产品经理应用得比较多。

　　Creative Commons 的概要如下表。

标示	含义	说明	
（i）	署名	保留对原作品的署名	
（¥）	非商业性使用	不可用于盈利目的	
（=）	禁止演绎	不可修改原作品，不可再创作	
（○）	相同方式共享	允许修改原作品，但必须使用相同的许可证发布	

　　保留对原作品的版权署名是知识共享许可协议的绝对条件。同时，组合其他 3 个标示（非盈利、禁止修改、相同方式共享），便可以形成一个遵从原作者意向的授权条款，这是知识共享许可协议的特征。

　　这样，许可证不同，授权条款也各不相同。使用免费的程序和素材时，一定要遵守相关条款，对原作者保持尊重。

6

PHP
~显著提升能力范围的语言~

PHP 是什么？

如果只有几个商品，为其制作网页并不会花费很多时间。但是，当商品的数量增加到 500、1000 时，如果还是一个商品为之写一个网页，就需要花费大量的时间了，另外商品名和价格信息也容易出错。

这个时候，就该以 PHP 为首的 Web 编程语言出场了。

对使用 ECShop 和 WordPress 自定义功能的互联网产品经理而言，PHP 是一种非常常见的编程语言。

PHP 最擅长的领域，就是连接数据库。

只要把程序写好，就可以从数据库中获取需要的数据，并批量自动地生成网页。

PHP 是什么?

PHP 是专门用于 Web 开发的脚本语言。那么，它与 JavaScript 有什么区别呢?

◆ PHP是服务器端（简称"服务端"）脚本

PHP 在服务器上运行，所以，它被称为服务器端脚本。

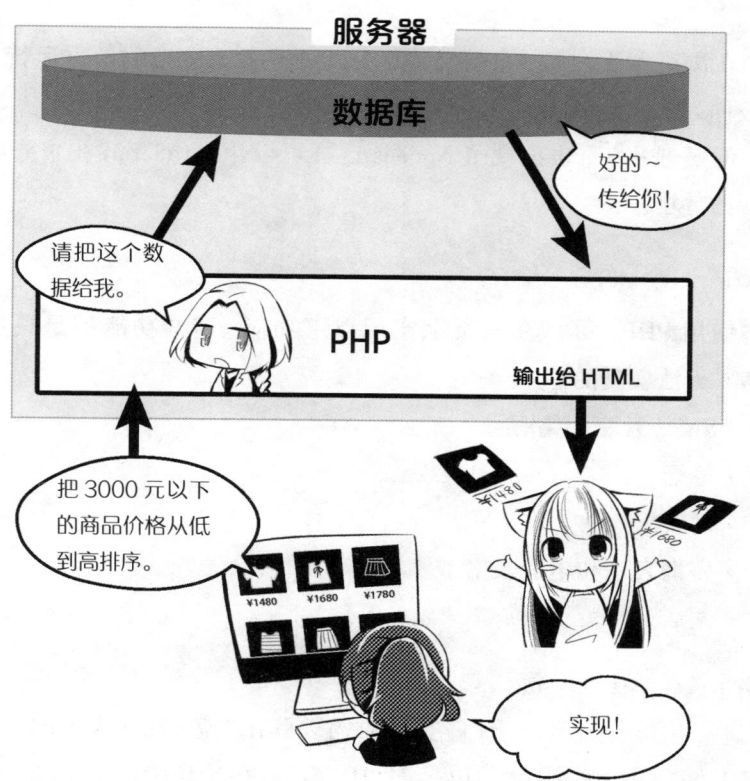

◆ JavaScript是客户端脚本

JavaScript 只要有浏览器和文本编辑器，就可以运行。这是因为 JavaScript 不是在服务器上而是在浏览器上运行的。

在浏览器上运行，也就是说，在离浏览者比较近的地方运行，所以被称为客户端脚本。

但最近几年，也出现了 Node.js 这样可以让 JavaScript 在服务器上运行的环境。

PHP 能做什么?

使用 PHP，可以在网页上实现以下功能，这些功能都是只通过 HTML 无法实现的。

- SNS（社交网络服务）
- 论坛
- 博客
- 咨询表格和申请表格
- 网店

◆ PHP擅长制作动态网页

在 SNS 网站，Wakaba 酱登录时需要弹出"您好，Wakaba 酱"，而 HTML 酱登录时则弹出"您好，HTML 酱"。在论坛中，自己发布的文章会立即在网页上展示出来。

这样，根据用户的行为或某些条件，其内容会随之变化的网页，我们称为动态网页。相反，不需要服务器做任何处理，任何人、任何时候看到的内容都一样的网页，叫做静态网页。

使用 PHP，可以批量制作动态网页。

程序的基础是"条件判断"和"重复"

嗯，我明白了，可以用 PHP 制作论坛和网店。
那么，PHP 先生在服务器上具体做了什么呢？

做的事嘛，基本上也很简单。
常做的就是"条件判断"和"重复"。

◆ 代表性的处理

PHP 代表性的处理就是"条件判断"和"重复"。

条件判断是做"如果……是……，就做……"这样的处理。

重复就是重复同样的处理。

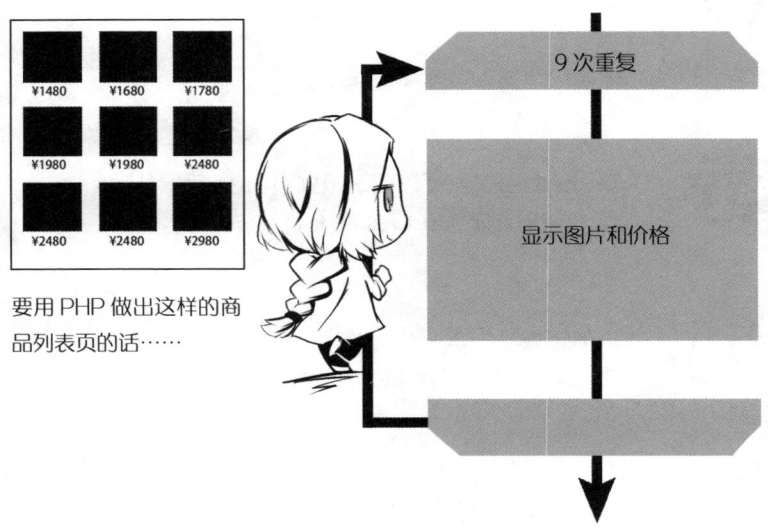

要用 PHP 做出这样的商
品列表页的话……

PHP 擅长链接数据库

数据库是存放整理好的数据的地方,可以想象成像 excel
表格这样的。

Field(列)

▼表名"item"

id	name	price
1001	编程 T 恤 HTML	1480 日元 ← record(行)
1002	编程 T 恤 CSS	1480 日元
1003	帽子	3480 日元
1004	超级新手 T 恤	1980 日元
……	……	……

想要数据时,写好 SQL 语句的命令,就可以从数据库拿
到数据了。

▼SQL 语句的基本语法

SELECT 列名 FROM 表名 WHERE 条件 ORDER BY 排列顺序

▼获取全表数据

SELECT * FROM item

▼获取 3000 元以下商品的商品名和价格, 按照价格从低到高(升序)排序

SELECT name, price FROM item WHERE price<=3000 ORDER BY price ASC

※ 按照升序排序用"ASC", 按照降序排序用"DESC"。

这样, 就获取了数据。
然后, 使用条件判断和重复操作, 就可以把数据输出到网页中。

▨ PHP 和 HTML 的关系很好

　　PHP 重要的优势是能够直接嵌入 HTML 中。通过 PHP, 可以在 HTML 和 CSS 开发的网页中嵌入咨询表。

　　另外, 如果把 PHP 代码嵌入 HTML 文件中, 那么这个文件的扩展名需要变为".php"。如果想在扩展名为".html"的页面中让 PHP 代码起作用, 需要另外设置服务器。

Wakaba 酱之前开发的咨询表, 因为使用的是 HTML, 所以没有交互。
如果在 HTML 页面中嵌入 PHP, 可以实现系统化, 也可以收到自动回复的邮件啦。

邮件地址、姓名, 都是个人信息哟。
PHP可以实现的各种功能, 需要细心注意的事情, 都要记住哟。

33 产品经理也需要了解编程语言的理由

的确，产品经理自己动手编程的情况比较少。

大部分时间，是需要和程序员一起工作的。

为了能顺利地推进网站的开发与发布，同时让自己的能力范围有所扩展，还是了解一些编程语言比较好。

6

PHP～显著提升能力范围的语言～

210

只要会 Web 策划就可以了吗?

作为一个互联网产品经理, 需要与程序员组成一个项目组, 才能一起推进项目的进展。尤其是在开发一个新的网络服务时, 相互之间需要对细节有深入的沟通并达成一致。

如果认为"这些工作程序员会做的", 而把所有技术相关的工作都扔给程序员的话……

就会造成程序员的工作过多, 而且项目整体的进度可能会延迟。

◆ 成为具备以下素养的产品经理, 所负责的项目进展会比较顺利

成为下面这样的产品经理, 项目才会更加顺利地进展哟。

• 了解一定的编程知识

• 在编写 HTML 和 CSS 代码时, 会有意识地思考"怎么样才能让程序员方便地嵌入程序"。例如, 如果知道编程的基本操作"重复", 就会理解"在商品列表页上, 每隔 3 个商品插入一个 div"是多么麻烦的事情。看到一个网页, 就会思考一下"用更简单的 HTML 能实现吗? 用 CSS 能实现吗?"

• 有能力做的事情自己做(如简单的 JavaScript)

具备一定的编程知识, 在和程序员讨论时, 也比较容易想出好的方案, 从而想出"这个方法怎么样?""如果那样的话, 效率可能会更高"。

有一种让彼此擅长的领域更完美的感觉, 好棒呀!
一定不要说"我是产品经理, 编程的事情我不懂", 重要的是"向编程靠近一些"。

专栏　其他可用于Web制作的语言

除了 PHP，还有各种在服务器端运行的编程语言。一起来认识一下各个语言以及其代表的 Web 服务吧。你平时使用的 Web 服务也有可能在其中哟。

Java
Twitter/Evernote

任何环境下，我都可以运行哟！

我出生在日本哟！

Ruby
Cookpad[①]/Github

我对代码的易读性很有自信哟！

PHP、Python、Ruby…我就像她们的姐姐

Python
Dropbox/Instagram

Perl
Hatena[②]/Mixi[③]

知道"这个 Web 服务是由这个编程语言实现的"，有没有觉得自己与编程语言更亲近了呢？

---

① 译者注：日本最大的家庭美食交流社区。

② 译者注：日本最大的热点新闻聚合社交网站。

③ 译者注：日本最大的社交网站，主要提供 SNS 服务，包括日记、群组、站内消息、评论、相册等。

7

发布

~终于要发布到网上啦~

34 借个 Web 服务器吧

为了实现发布，

好想发布，让更多的人看到我的网站呀！

需要 24 小时开机，有万全的安全对策，用于 Web 服务器的高性能计算机。

这、这个我好像搞不定。

24 小时 365 天

如果是自己准备 Web 服务器，就需要投入很多的数据导入费和运维费。

所以，可以从专门做 Web 服务器运营的公司借一个服务器。

可以这样呀，多谢啦～

所以有的企业就向其他企业或个人提供服务器租赁服务，称为租赁服务器。

7 发布～终于要发布到网上啦～

214

借用免费的租赁服务器

　　租赁服务器有免费的，也有收费的。这次，我们使用免费的服务器来体验下网页发布的流程。

　　① 登录下面这个网址：http://web.fc2.com/ [①]。进入此网站的日文版，点击右上角"Language"选择框，选中"English"（1）。

　　• FC2 主页 – 免费的个人主页

7

发布～终于要发布到网上啦～

---

① 译者注：此网站是提供免费服务器的日本网站，需 VPN 方能打开，VPN 的安装与使用方法，请自行查询。另外，在国内也可以付费购买腾讯云或阿里云的相关产品来搭建 Web 服务器。

② 进入此网站的英文版，点击页面左上方"FC2ID Registration"
按钮（1），进行注册。

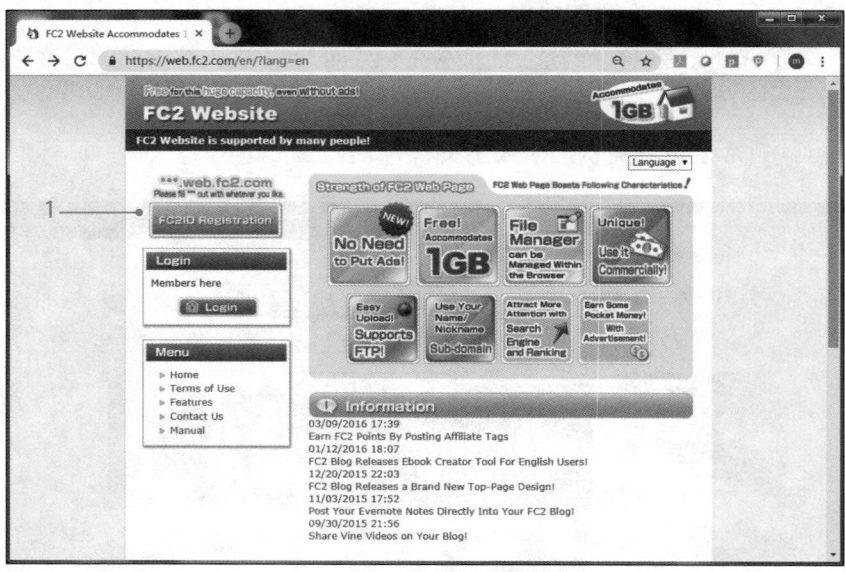

③ 输入注册所需要的邮箱地址、验证码，点击最底部的"Agree to
the term of use and register for FC2ID"按钮（1）。

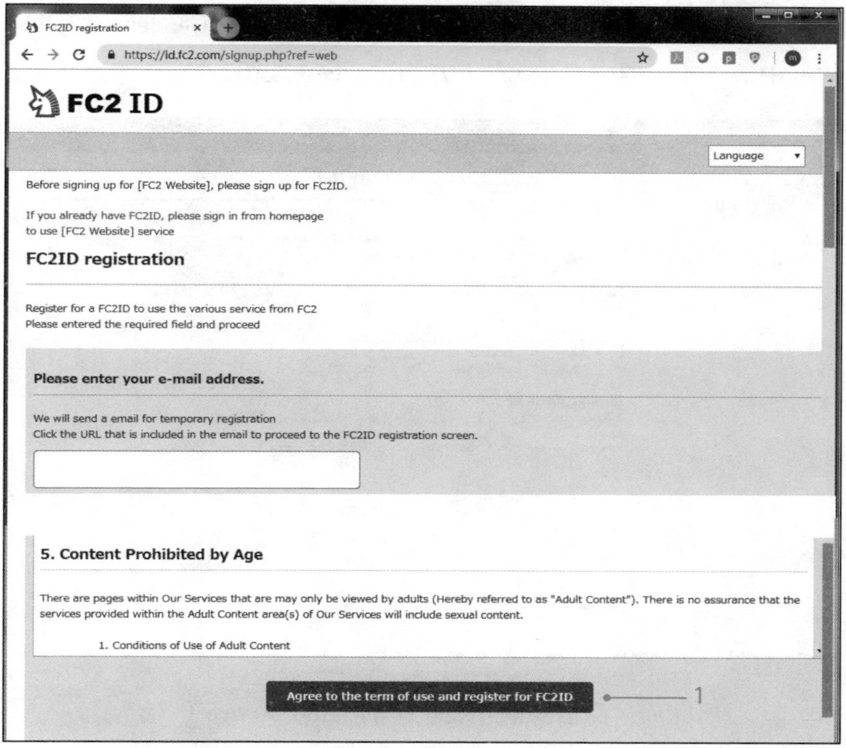

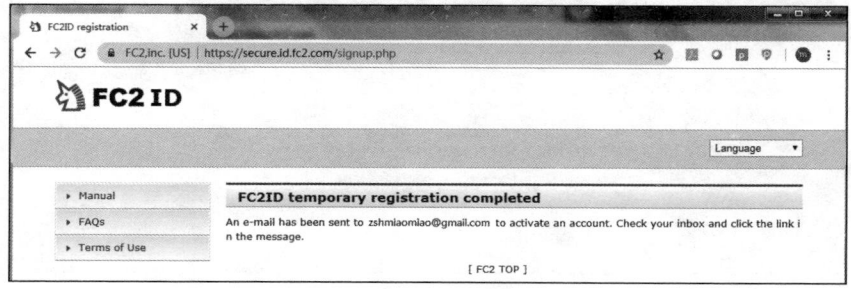

④ 页面显示激活邮件已发送至上一步所填写的邮箱中。请打开邮箱，点击收到的链接，激活账号。

⑤ 在"Password"（1）、"Confirm Password"（2）、"Gender"（3）对应的框中输入相应的内容，点击下方"Register"按钮（4）。

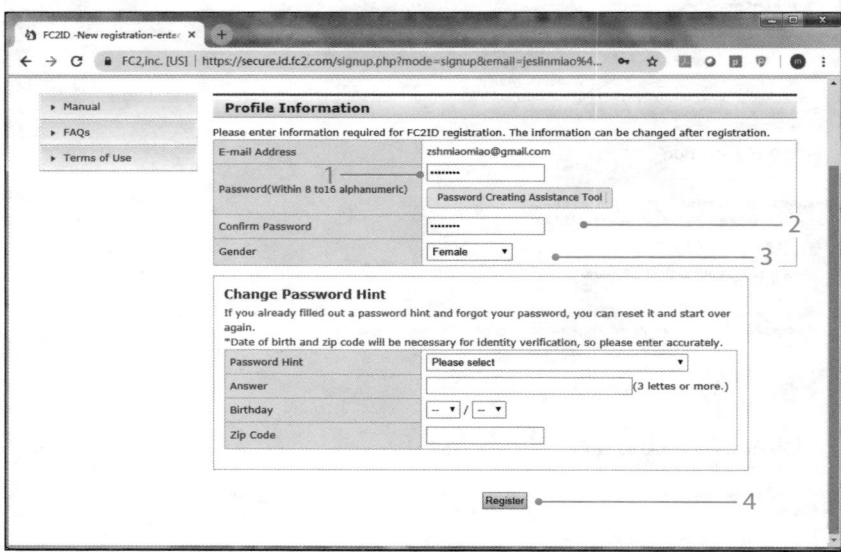

⑥ 注册完成！点击左侧导航栏中的"Add service"（1）。

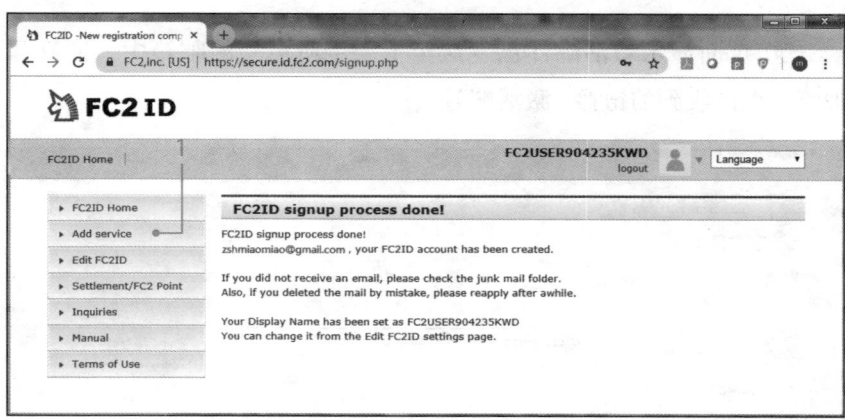

⑦ 找到"FC2 Website"服务，点击"Add this service"按钮（1）。

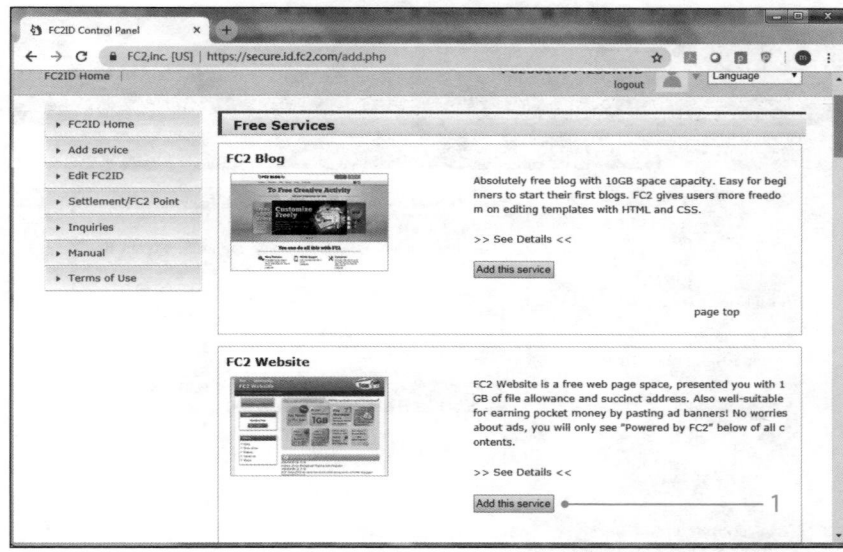

⑧ 点击"Register to Free Website"按钮（1）。

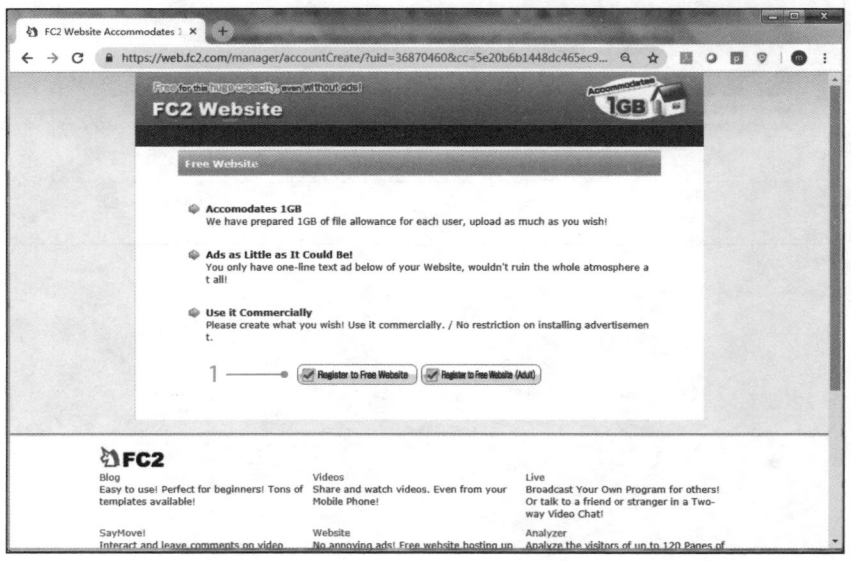

⑨ 设置网站地址 URL（1），选择网站地址的分类（2），输入网站标题（3），输入网站简介（4），点击"Register"按钮（5）。

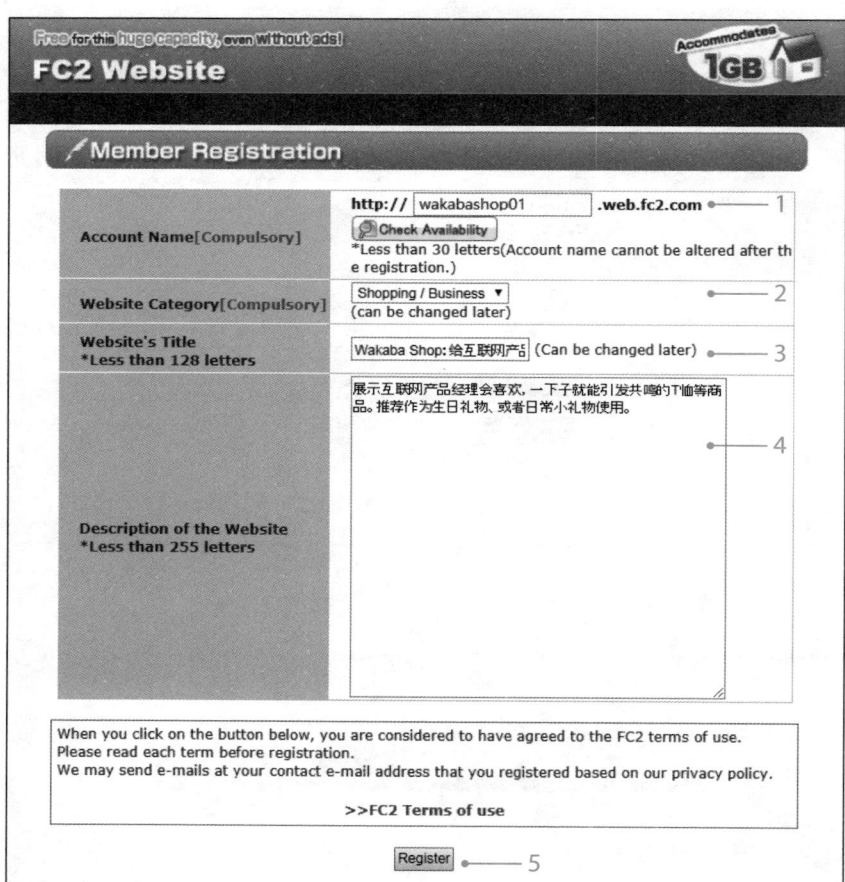

⑩ 成功借到服务器！点击页面上的"To Admin Top"（1）。

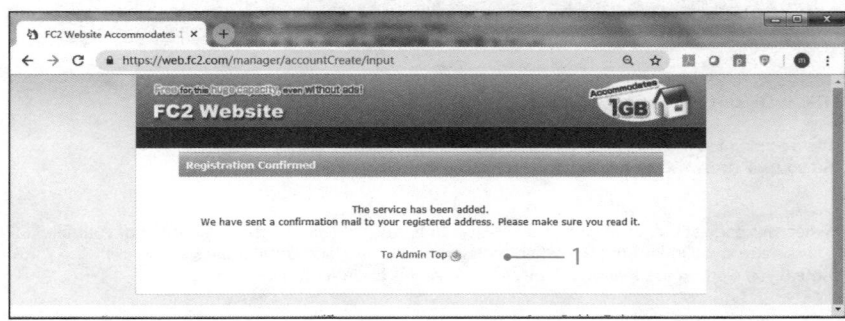

⑪ 可以看到已借到的服务器上个人主页的相关信息，"Website URL"栏中显示的就是个人主页的网址，点击此网址（1）。

⑫ 可以看到，FC2 的示例网页被展示出来了。

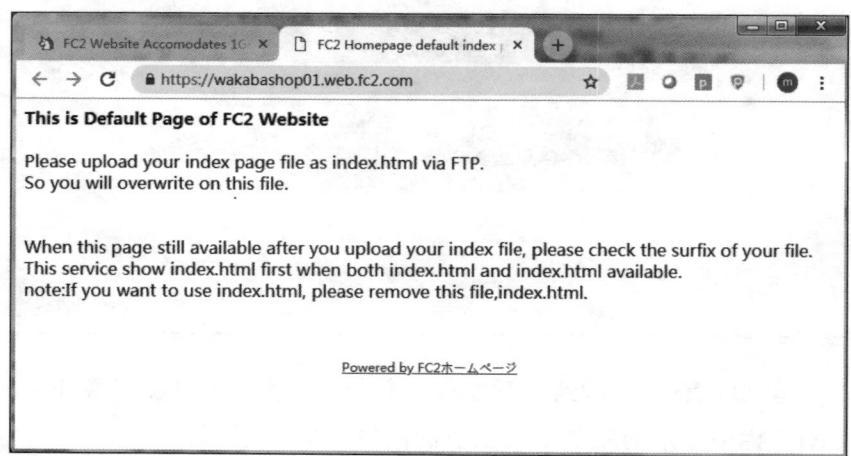

这样，就借到了一个服务器！

出乎意料的简单呐。
那么，怎么把这个示例网页换成我制作的网页呢?

这就需要把你电脑上的 HTML、图像等网站相关的文件，
都上传到借到的服务器上。
具体的操作步骤下一节再解释喽。

7
发布～终于要发布到网上啦～

35 上传文件

FTP 是一种文件传输协议。

通过 FTP，可以把自己电脑上的文件传输到其他电脑上。

🖋下载免费的 FTP 客户端软件

把已经制作好的 HTML、CSS、图像等文件传输到服务器上，需要用 FTP 客户端软件。可用的 FTP 客户端软件有很多，这里介绍 FileZilla 的使用方法。

FileZilla 有如下特征：

- 免费
- 适配日文 / 中文
- 适配 Windows 和 Mac

进行如下操作，安装 FileZilla。

① 打开以下网址：https://osdn.jp/projects/filezilla/releases/。

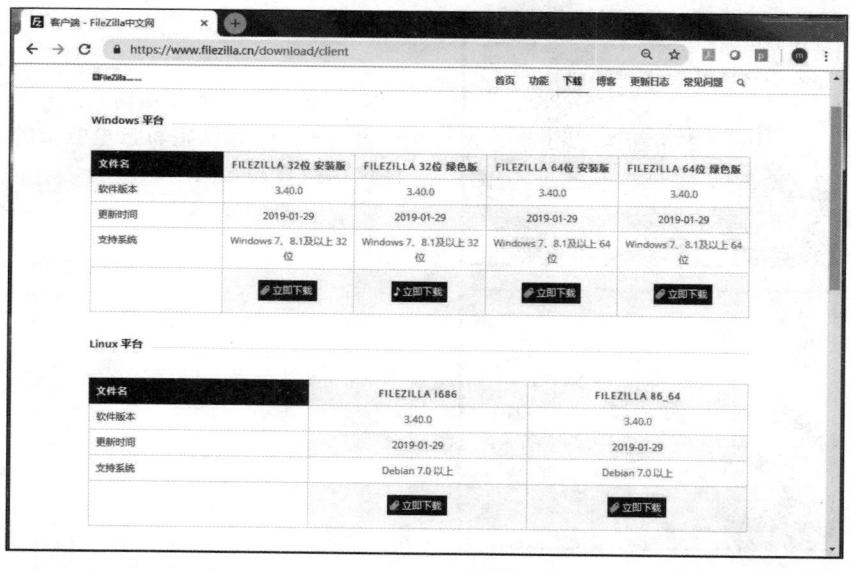

② 根据自己电脑的系统下载相应的客户端软件。Windows 操作系统的用户，请根据"专栏"中的说明首先确认自己电脑的系统类型是 32 位的，还是 64 位的，然后下载相应的 FileZilla 客户端。

③ 解压下载下来的文件，双击其中扩展名为".exe"的应用软件，会出现如下弹窗，点击"是 (Y)"按钮（1）。

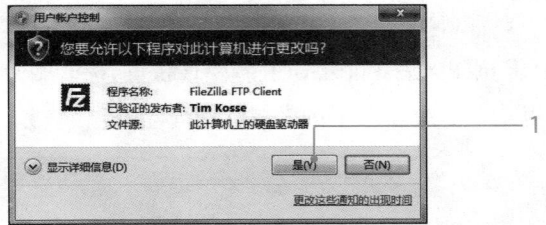

④ 按照提示安装 FileZilla，完成后会出现下面的提示框。选中 "Start FileZilla now"（1），点击 "Finish" 按钮（2）。

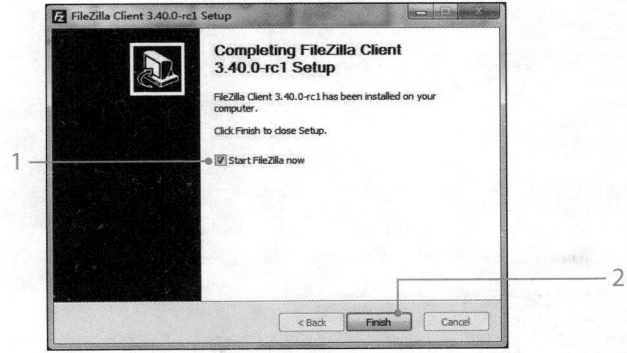

⑤ 打开 FileZilla。

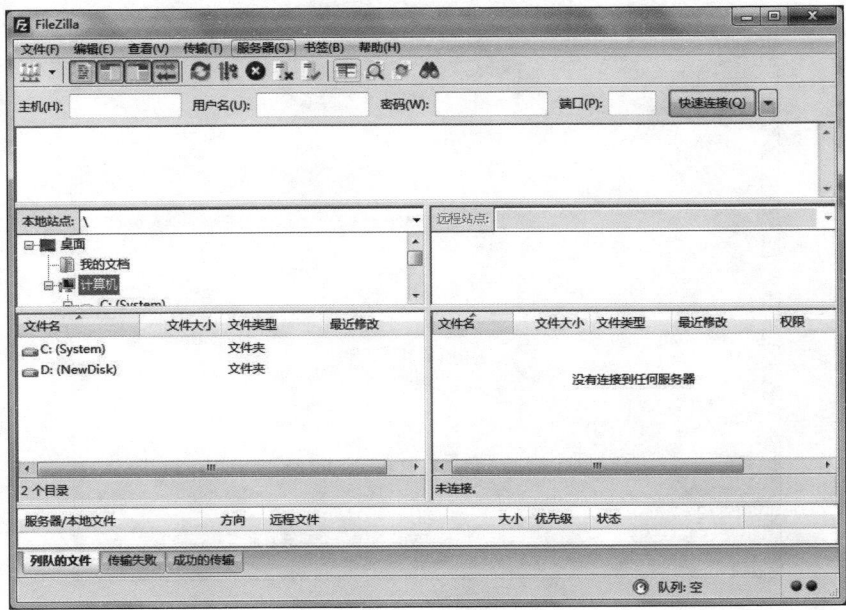

7

发布～终于要发布到网上啦～

登录 Web 服务器的信息

打开 FileZilla 后，首先登录需要连接的 Web 服务器的信息。

① 点击"文件 (F)"中的"站点管理器 (S)..."（1）。

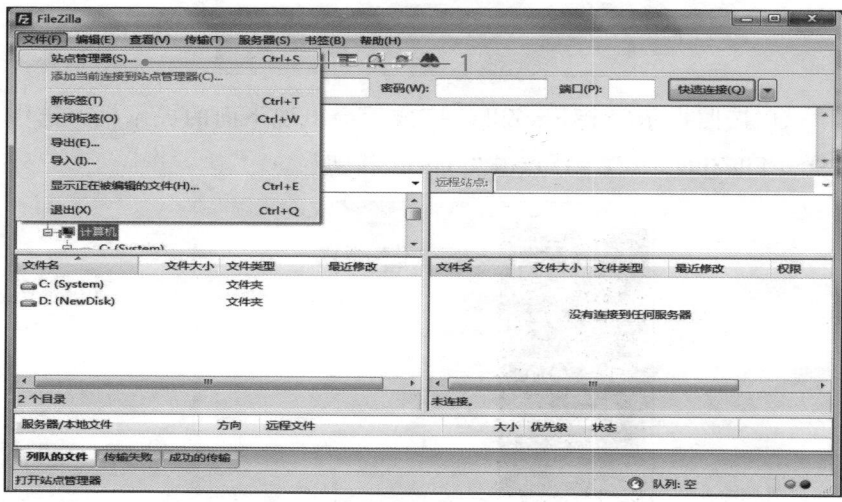

② 点击"新站点 (N)"按钮（1）。"我的站点"目录下会生成一个"新站点"，为方便理解，我们为这个新站点命名为"shop"（2）。

③ 确认"登录类型 (L)",设置为"正常"(1)。

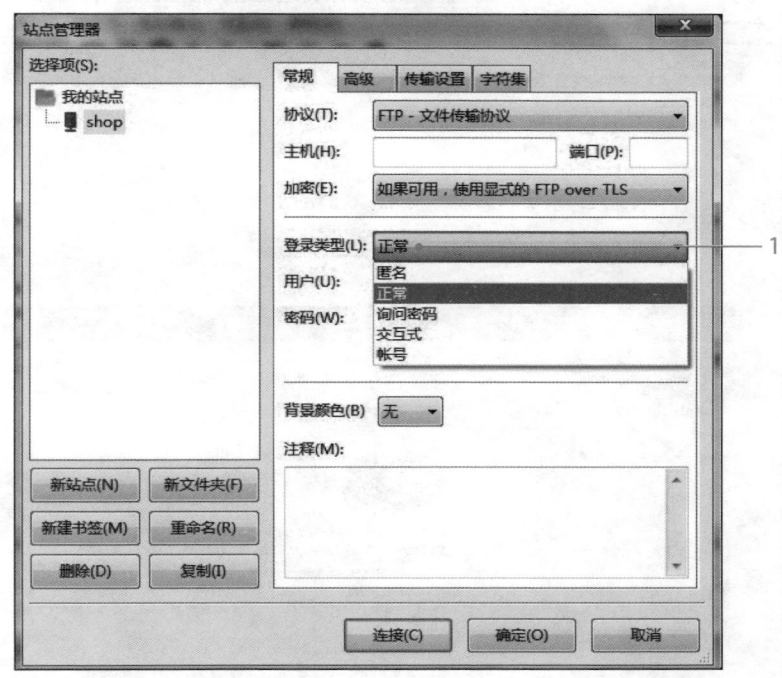

④ 连接 Web 服务器的信息,需要从 FC2 个人主页的信息中获取。打开 https://web.fc2.com 并登录,把"Host Name(Host Address) (For Passive Mode)"(1)和"User Name"(2)的信息复制并粘贴到 FileZilla 输入框中。点击"Account Information"(3),跳转账户信息页,获取 FTP 密码。

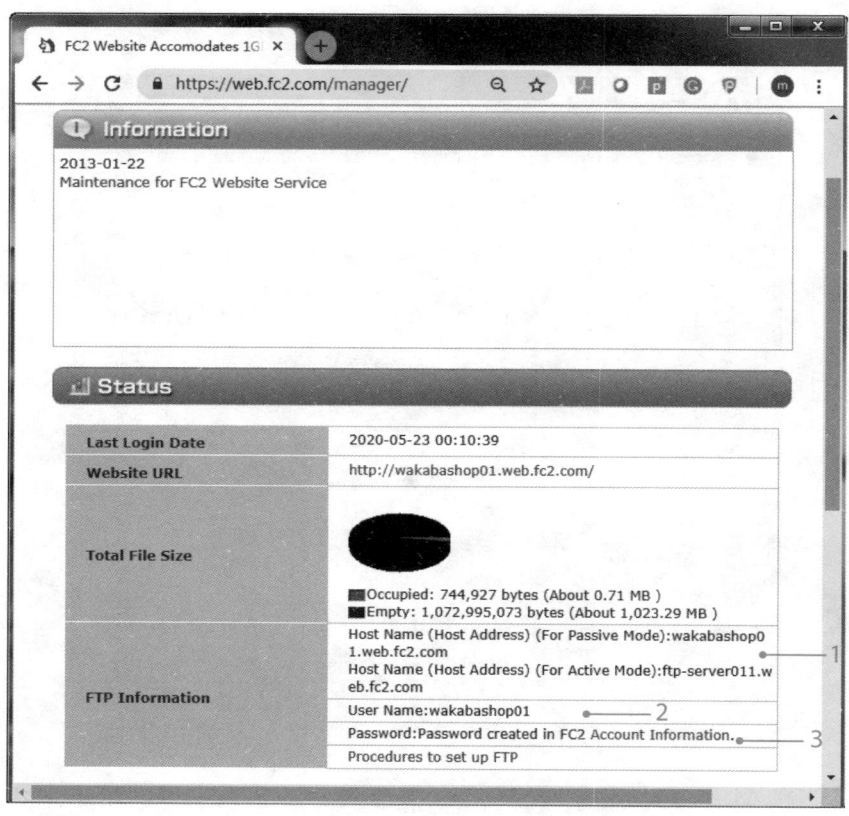

　　⑤ 打开账户信息页，复制 "FTP password" 的信息（1）并粘贴到 FileZilla 输入框中。

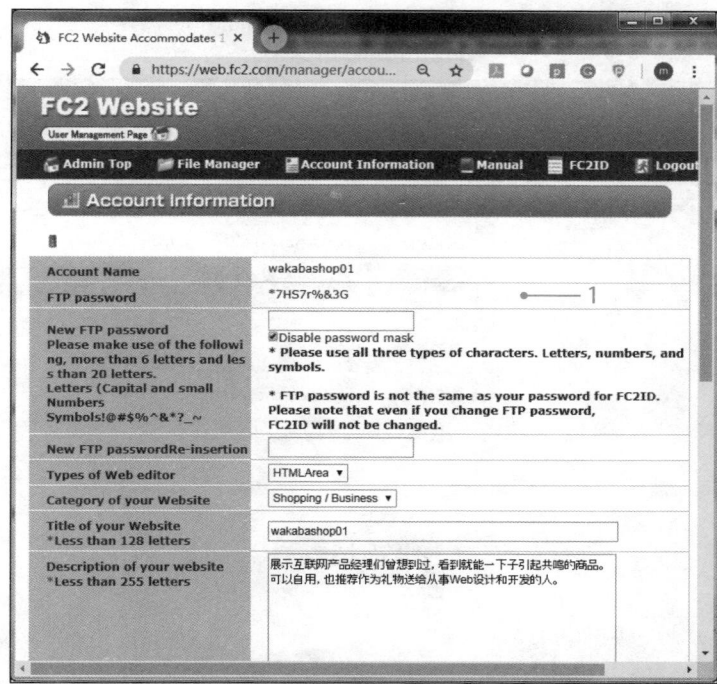

FC 个人主页上的信息和 FileZilla 输入框的匹配关系如下。

FC2个人主页	FileZilla输入框
Host Name(Host Address)	主机 (H)
User Name	用户 (U)
FTP password	密码 (W)

⑥ 输入完成之后，点击"连接（C）"按钮（1）。

⑦ 状态栏中显示"状态：列出 '/' 的目录成功"。如果显示"连接失败"，请检查主机、用户名、密码的输入是否有误，然后再次连接。

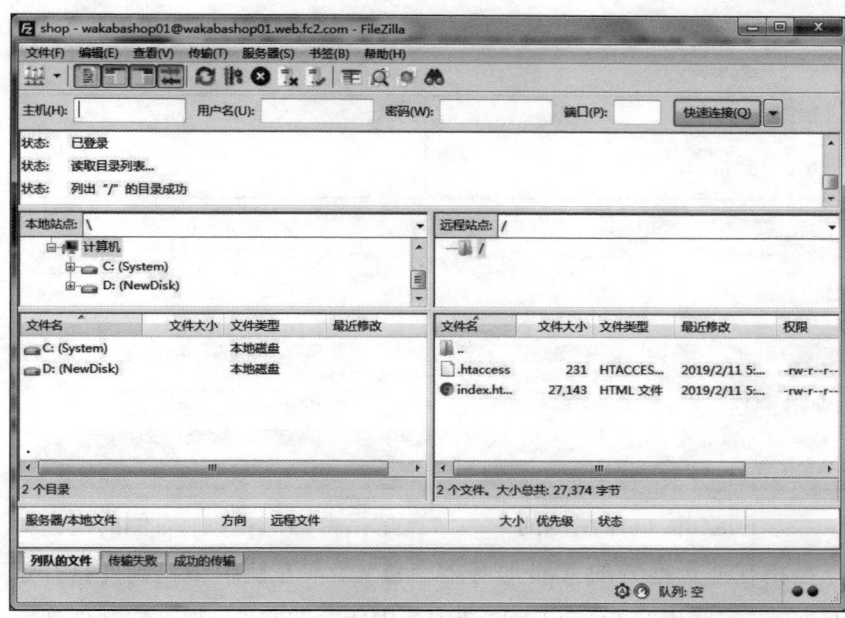

 这样，就成功连接上了 Web 服务器哟。

上传文件

终于要把文件传输到 Web 服务器上了。

① 若长时间没有操作 FileZilla，与 Web 服务器的连接会自动断开。这时候，点击"打开站点管理器"右侧的倒三角"▽"(1)，点击已登录的站点名，便可以进行再次连接。

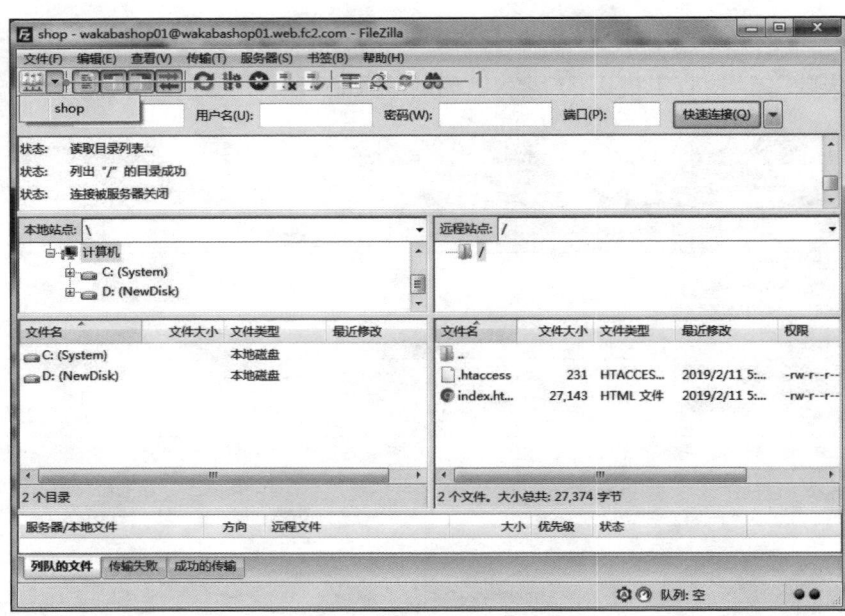

② FileZilla 页面左侧的本地站点是指自己的电脑，右侧的远程站点是指在遥远他方的 Web 服务器。首先，在左侧框中找到并打开示例中的"实践用"文件夹（1），选中其中所有的文件，把这些文件拖曳到右侧框中（2）。

③ 文件便开始往 Web 服务器上传送。如果 Web 服务器上已有同名文件，便会弹出"目标文件已存在"窗口，在动作中设置为"覆盖（O）"（1），点击"确定"按钮（2）。

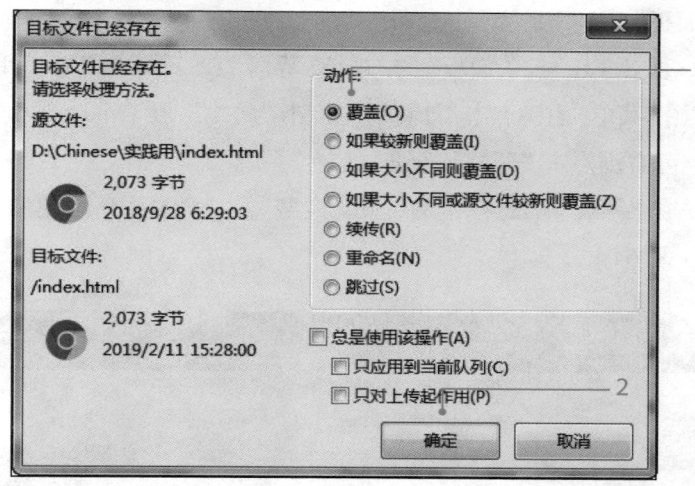

想确认已上传的文件？
这时，点击"刷新文件和文件夹列表"。
远程站点的文件一览就会更新了。

发布～终于要发布到网上啦～

36 确认网站已发布

嘿嘿嘿嘿……

终于等来了发布的时刻！

终于可以把你制作的网站发布到网上了。

不会隐藏着奇怪的东西吧！

诡异的微笑

一定有什么阴谋吧！

JavaScript 先生好像在设计着什么"阴谋"……

7

发布～终于要发布到网上啦～

砰砰砰！打开已发布的网站

把 34 节中确认的网址（http://×××（希望账户名）.web.fc2.com/ ）输入浏览器的地址栏中。

若出现下面的页面，就成功了！

这样，你制作的网站就成功发布在网上啦。

恭喜哟！！

8

运营
~网站发布后才是正戏~

一天有多少人访问了自己的网站，你一定关心这个数据吧。

只要给 HTML 文件中导入简短的源代码，就可以知道有多少人从什么地方到了自己的网站。

8

运营～网站发布后才是正戏～

用户行为分析

"用户行为分析是大型网站才做的事情吧？个人网站做这个是不是有点儿小题大做？"

实际上，并不是这样。不管是谁，都可以免费进行用户行为分析。

用户行为分析有什么好处？

进行了用户行为分析，可以知道以下信息：

- 访问网站的人数
- 这些人从哪儿来的
- 在网站上，他们进行了哪些操作

把网站来访人的行为可视化，进而优化网站，让自己的目标更容易达成。

我的目标是"卖原创商品"。目标值是"一个月的销售额达 2 万日元"哟。

◆ 不导入用户行为分析

如果不导入用户行为分析，会是什么状况呢？（周期：一个星期）

虽然不知道怎么回事，但这周卖掉了一个 T 恤哟！

那个顾客，是怎么找到Wakaba酱的网店的呢？

啥？我怎么会知道。
不管怎么样，在 Twitter 上把商品介绍的次数增加到 1 天 5 次，应该会卖得更多吧。

这种状况，对于有商品陈列的实体店，就意味着：

• 今天来店的顾客数……不知道
• 顾客从哪儿来……不知道
• 顾客想要的商品是什么……不知道

想一想街边的甜品店，或者是观光地的特产店。

"今天虽然不是周末，但来店的顾客可真是多啊！"

"今天虽然是休息日，但因为下雨顾客也还是会比较少。"

这样，就会对来店的顾客数有一个大致的把握。更进一步，还会知道在来店的顾客中，大概有百分之多少的人会下单，百分之多少的人可能会走掉。还可能会知道从哪儿来的客人比较多，他们在什么场景下来买什么东西比较多。

如果网店不导入用户行为分析，是完全没有办法了解到这些信息的。"不管怎么样，就先这样"的对策，很可能成为没有任何效果的重复劳动。即使侥幸有效，也不知道具体是哪一个行为起到的作用。这种有效性下次可能很难再现。

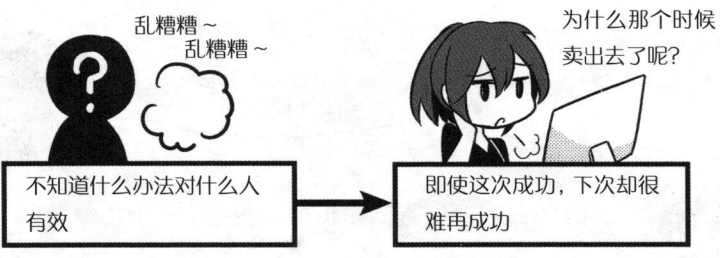

没有导入用户行为分析

乱糟糟~
乱糟糟~

为什么那个时候卖出去了呢？

不知道什么办法对什么人有效 → 即使这次成功，下次却很难再成功

8
运营～网站发布后才是正戏～

◆ 导入用户行为分析

如果导入用户行为分析，会是什么样的呢?（周期：一个星期）

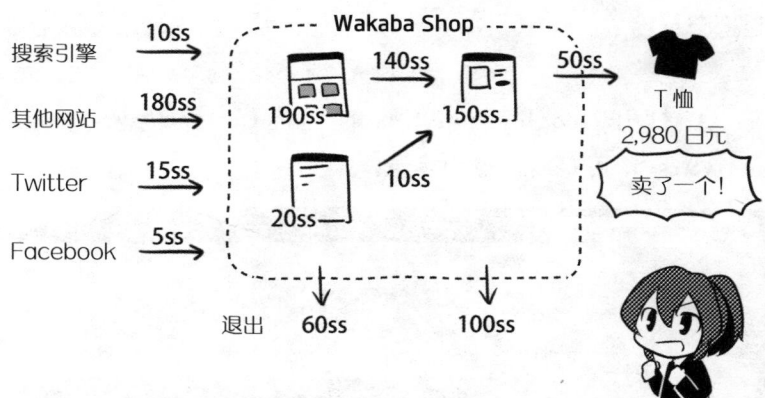

※ ss: ……session（关于单位的说明见后文详述）

导入用户行为分析，就可以获取之前看不到的那部分信息。

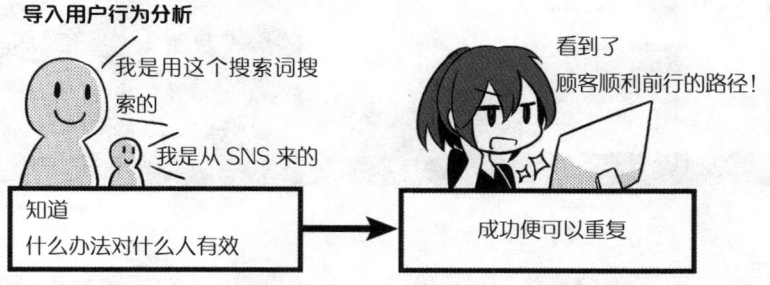

能这么清楚地看到数字呀。
好有趣！赶紧导入用户行为分析！

 导入用户行为分析的工具

本书使用全球可用的用户行为分析经典工具 "Google Analytics"，它非常强大，且提供免费的统计功能。

导入方法也非常简单。首先，在 Google Analytics 上登录你的网站；然后，就会获得被称为跟踪代码的简短 JavaScript 源代码；最后，把这段源代码写入各个网页，就可以实现用户行为分析了。赶快行动起来吧！

① 打 开 Google Analytics 的 官 网（https://www.google.com/analytics/），用 Google 账户登录。

② 点击"注册"按钮（1）。

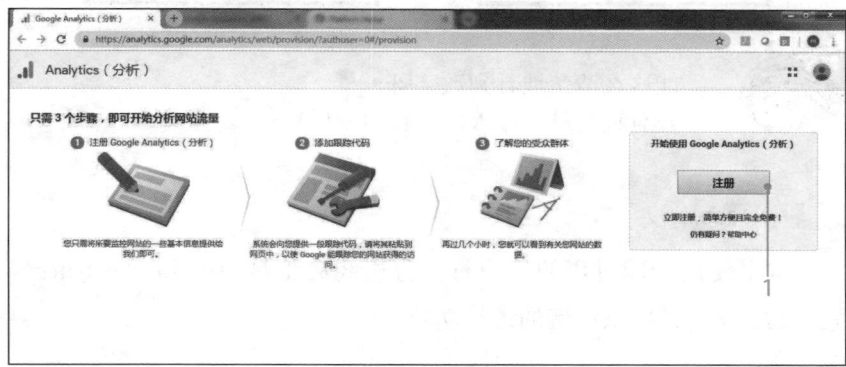

③ 填上"账号名称"(1)和"网站名称"(2), 这两项可以自由填写,但为了以后导入用户行为分析的站点增多时能分辨出来, 建议取一个易懂的名称。在"网站网址"(3)中, 把你的网站的网址复制、粘贴过来。对于"行为类别"(4), 在可选项中选一个匹配的类型。"报告时区"(5)设定为"中国"。

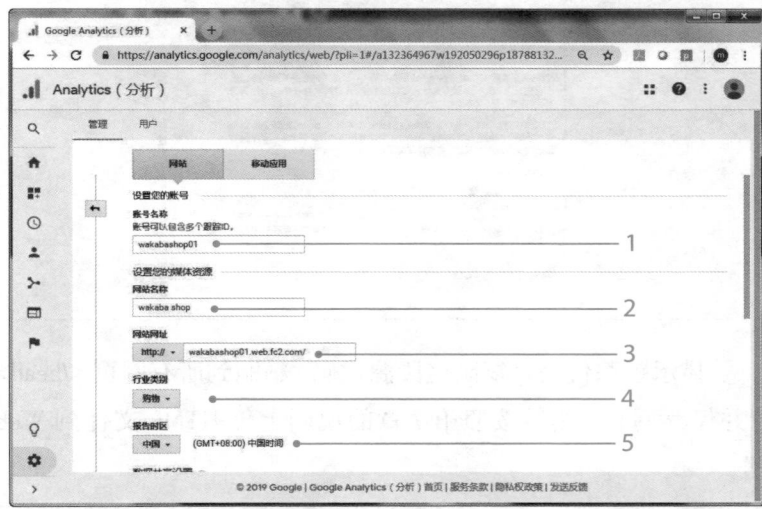

④ 点击"获取跟踪ID"(1)。

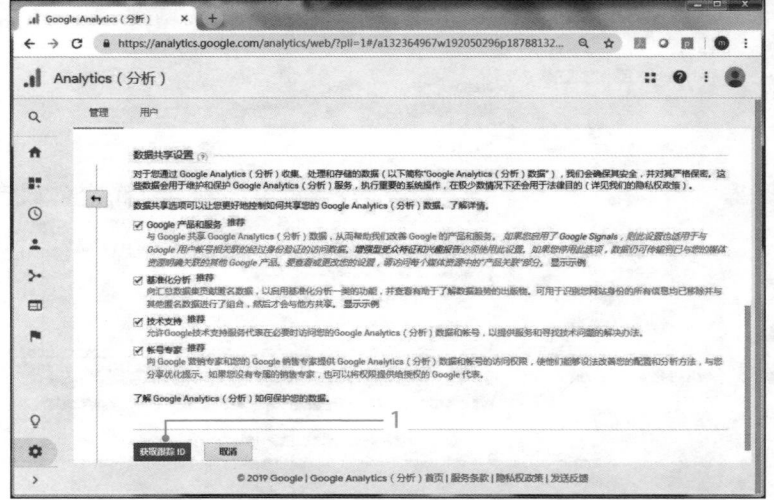

⑤ 确认 Google Analytics 的使用条款，点击"我接受"按钮（1）。

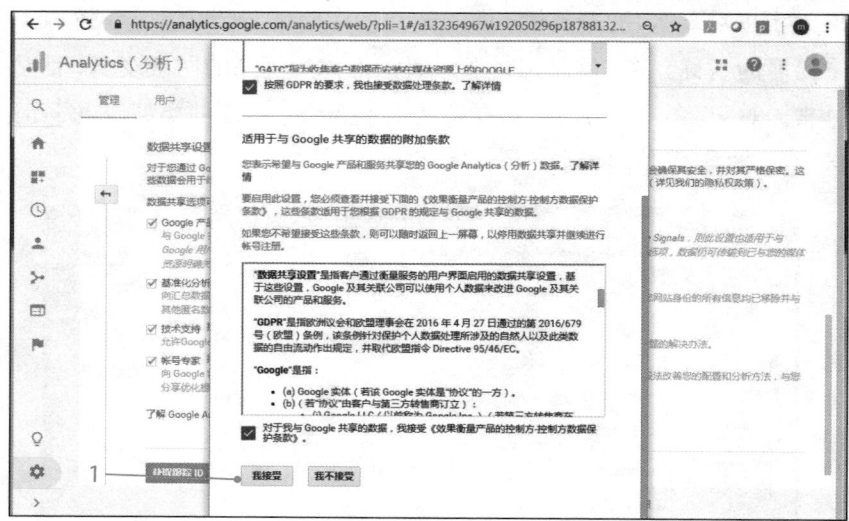

⑥ 显示跟踪代码。复制这段源代码，粘贴到所有网页 </head> 之前，并保存网页，然后按照第 7 章的说明上传 HTML 文件到 Web 服务器。

这样，就成功导入了 Google Analytics！

> 从导入 Google Analytics 到有行为数据可以计算与分析，
> 至少也需要 24 小时吧，那就安静地等一等吧。

分析用户行为数据

在 Google Analytics 登录状态下，先点击"首页"（1），再点击"全部网站数据"（2）。

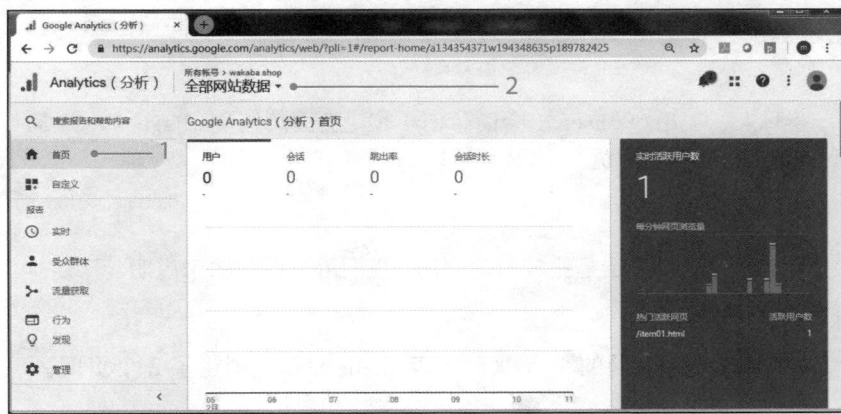

◆ 用户行为数据的整体概况

首先展示的是受众群体概览。

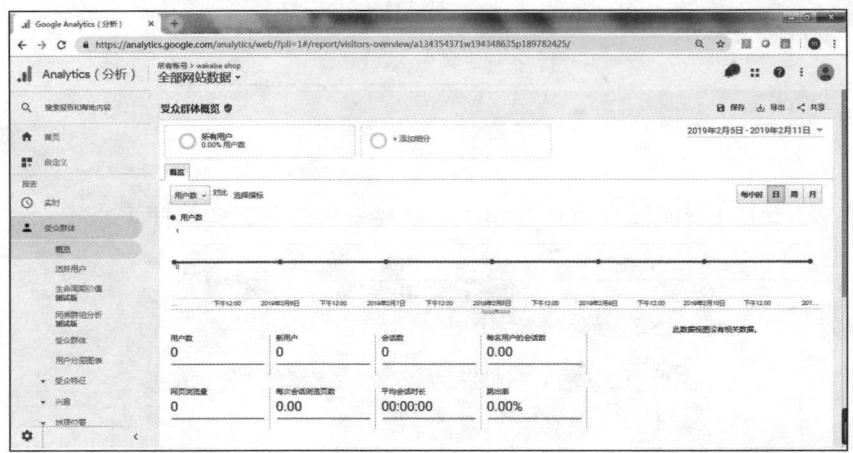

8
运营～网站发布后才是正戏～

Google Analytics上的术语	含义
用户数	访问网站的人数
新用户	首次访问网站的用户
会话数	在一定时间内,用户在网站上交互记录的数量
每名用户的会话数	每名用户在网站上的会话数
网页浏览量	网页浏览量(页面每打开一次便增加一次计数)
每次会话浏览页数	每次会话,平均访问的页面数
平均会话时长	每次会话,平均在网站上停留的时长
跳出率	仅浏览了一个页面就离开的用户所占的比例

 用户(user)、会话(session)、页面浏览量(Page View,简称 PV),它们有什么区别?

 最开始是比较难理解的,我们用下面的图来说明一下。

午休时间,上网的小 A 来到了 Wakaba Shop,浏览了 2 个页面。

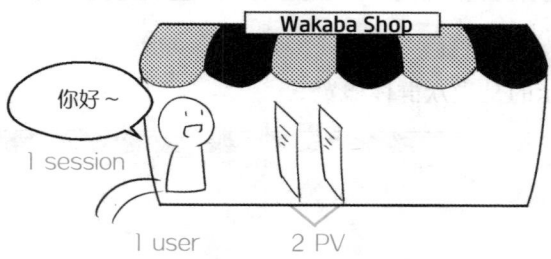

这个行为通过 Google Analytics 计算后会变成下面的样子。

行为计算	结果
小 A 一个人	1 user
访问了一次网站(你好!)	1 session
共打开了两个网页	2 PV

8｜运营～网站发布后才是正戏～

简单吧。那么，下面的场景该怎么计算呢?

下班之后的小 A，"还是很喜欢中午看到的那个东西"，就再次来到了 Wakaba Shop。

行为计算	结果
小 A 一个人	1 user
访问了两次网站 (你好!)	2 session
共打开了三个网页	3 PV

两次来到网站的小 A 是同一个人，所以 user 的计算结果是 1。

这里，请注意一下 session。session 的数值用"你好"的数量来计算，就比较好理解了吧。小 A 白天来过后，晚上又来了一次，打招呼说了两次"你好"，所以是 2 个 session。

关于 session，这里我们更详细地说明一下。Google Analytics 中一个 session 默认是 30 分钟，也就是说"如果一个用户在网站上有 30 分钟没有任何操作，之后的操作会被算为一个新的 session"。

如果一个用户，打开浏览器后离开电脑一段时间，或者去了别的网站一段时间，那么根据时间长短不同，session 的计算结果会是这样:

• 20 分钟后再回到此网站: 1 session
• 40 分钟后再回到此网站: 2 session

📝设置时间段

点击页面右上角的日期（1），可以打开一个日历，然后能够自由地设置时间段。

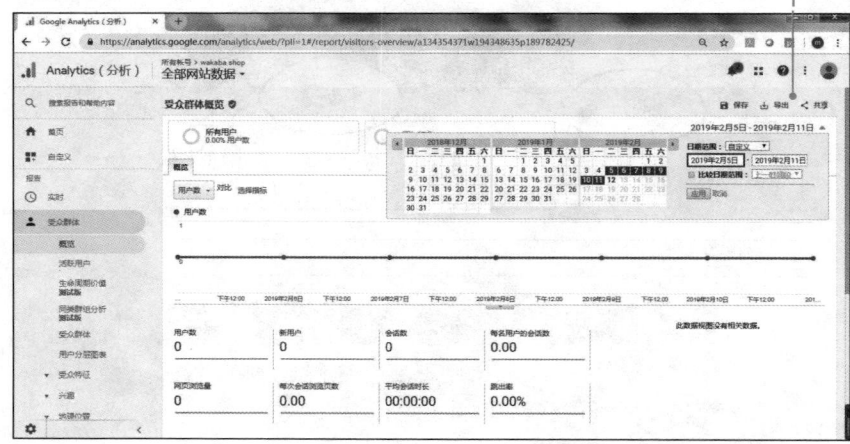

另外，勾上"比较日期范围"，还可以对比不同周期的数据。

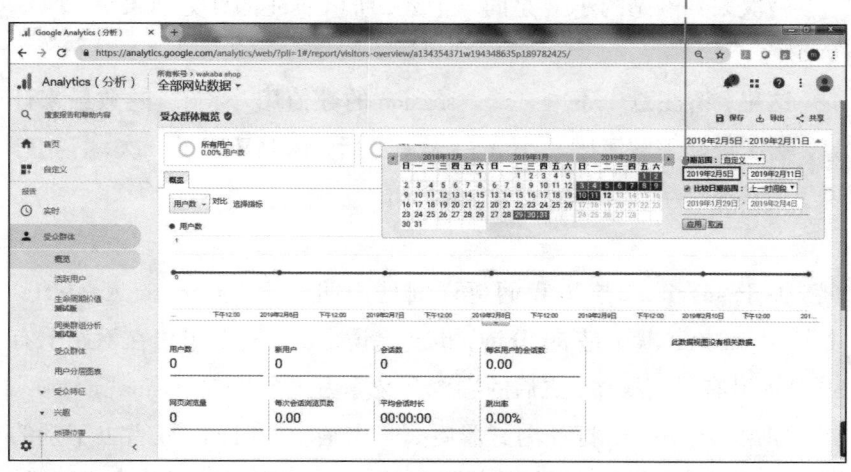

◆ 查看用户是从哪儿来的

那么，访问网站的人都是从哪儿来的呢？查看流量获取概览，就可以看到一个简单的不同渠道的来访数。

依次点击左侧目录中的"**流量获取**"（1）和"**概览**"（2），就可查看用户是从哪儿来的。

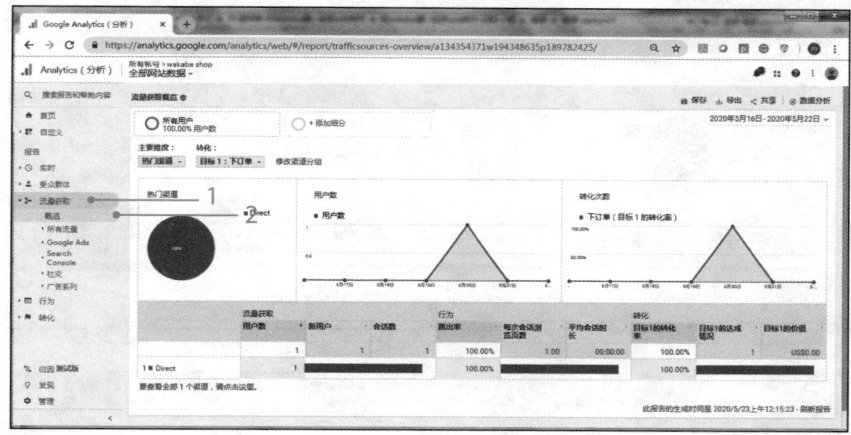

主流渠道	含义
Organic Search	从搜索引擎的自然结果流入
Referral	其他网站的链接流入
Social	Twitter 或 Facebook 这样的社交媒体流入
Direct	直接输入网址，收藏或 APP 流入

从哪儿、有多少人流入就完全清楚了。

◆ 更详细地分析

假设从其他网站流入（Referral）的 session 数一个月有 540 个。想要知道"这 540 个 session 中，具体都是由哪些网站流入的"，点击 Referral 右侧条形图的横条就可以看到。（此处作为练习，Wakaba Shop 只有一个直接（Direct）的用户，点击 Ditect 的条形图，可以看到访问用户的明细信息。）

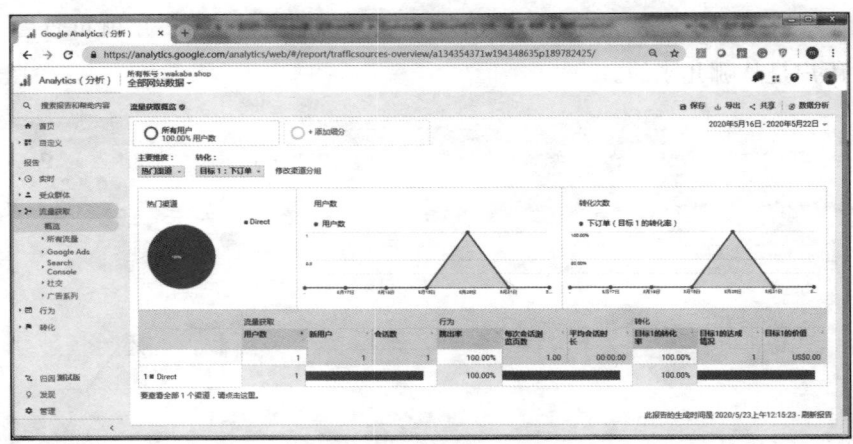

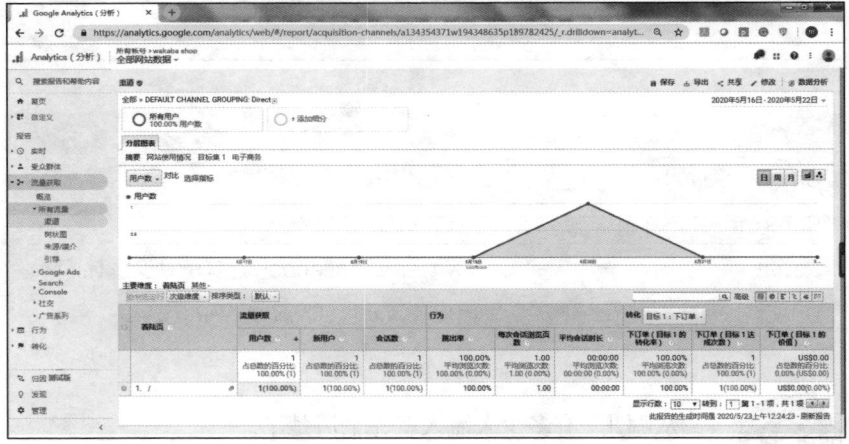

　　同样，点击 Social 的条形图，就会展示各 SNS 的流入数。点击 Organic Search 的条形图，就会展示各搜索词的流入数。

　咦，从一个我不认识的 URL 流入了 191 个 session。

　我们看下这是个什么网站吧。

 啊，是有一个博客介绍了我的商品，这些 session 是看了这篇博客后来的。

设置目标

既然知道了 Google Analytics 是什么，那么下面就来设置一下最重要的目标吧，这是 Google Analytics 发挥真正价值的第一步。

① 点击"设置图标"(1)，在数据视图设置中点击"目标"(2)。

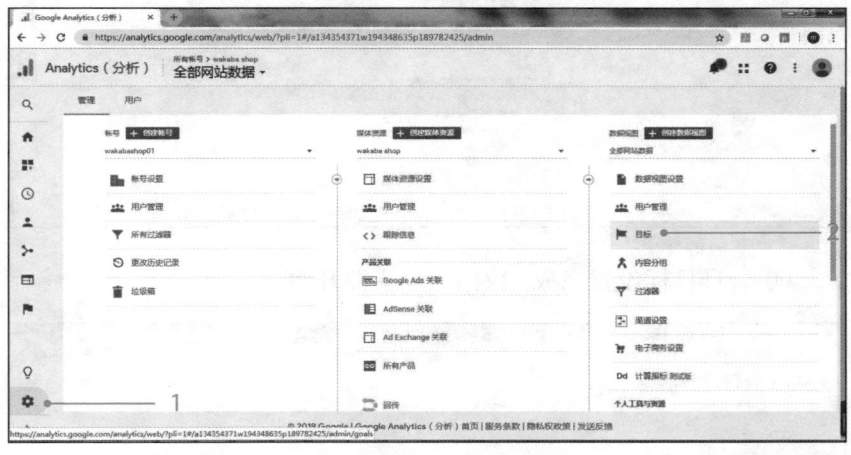

② 点击"+ 新目标"按钮(1)。

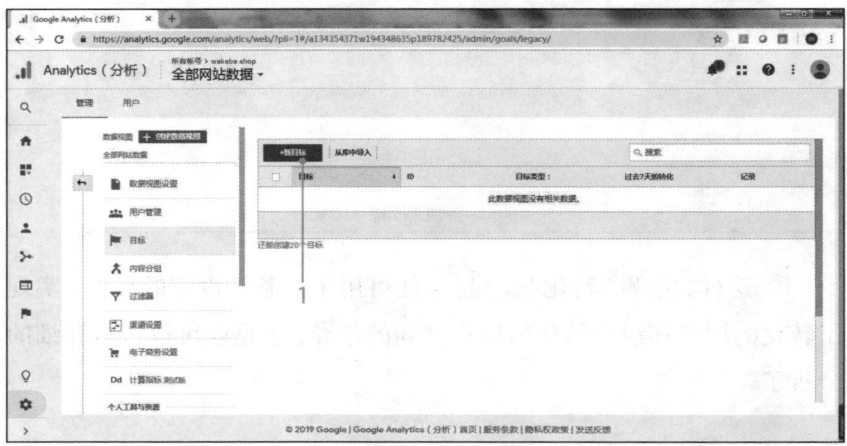

8

运营～网站发布后才是正戏～

③ 进入目标设置页面。可以选择已有的模板，也可以自定义。无论选择哪个，输入设置的目标、目标说明和目标详细内容后，目标便设置完成。

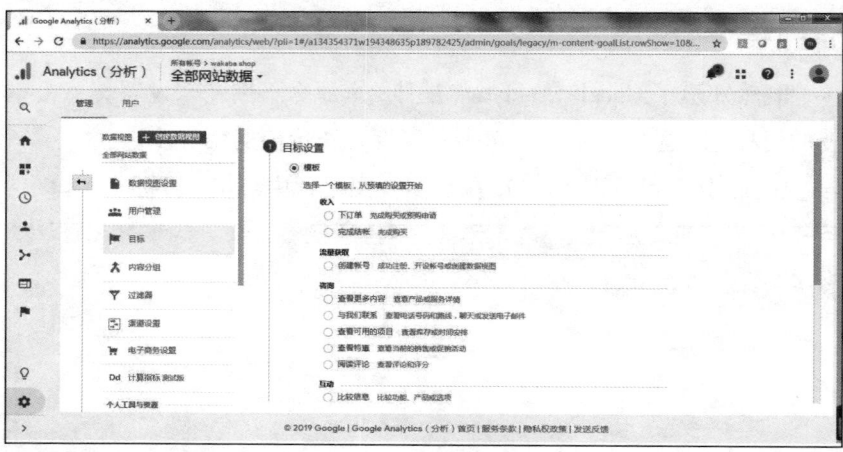

④ 一旦目标设置完成，数据记录立即开始。

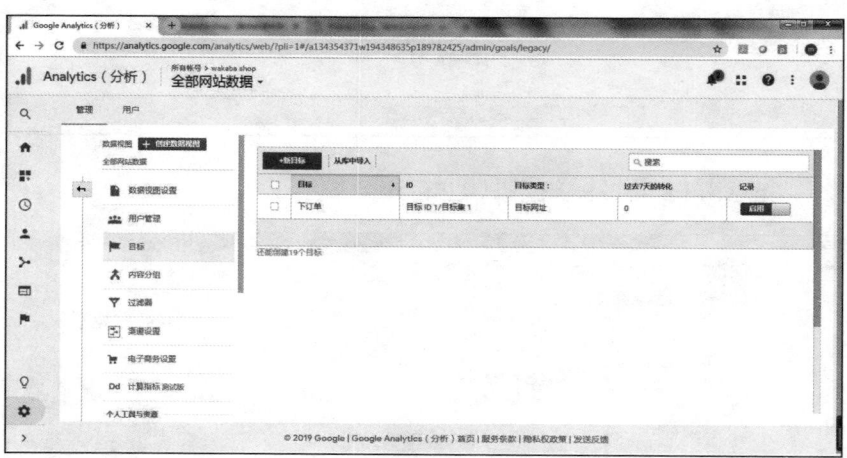

⑤ 这样，左侧"转化"（1）目录便可用了。基于设置的目标，实现了转化的用户和没有转化的用户之间的差异，于是就可以进行详细的分析了。

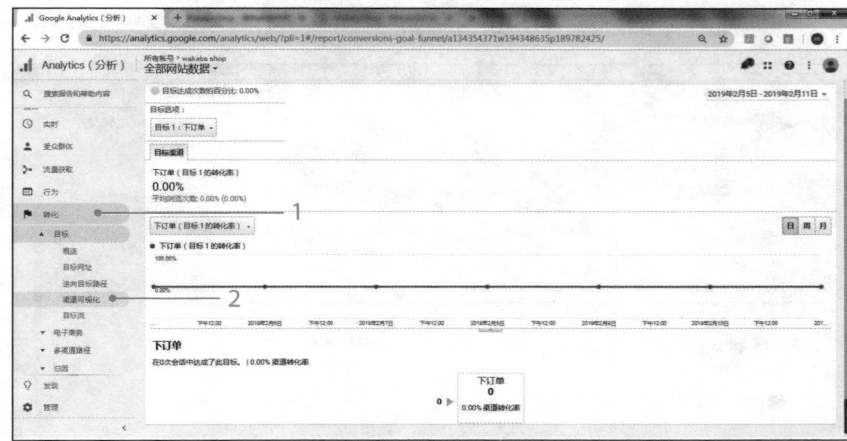

意外盲点！过滤自己的访问

Google Analytics 会记录接收到的所有数据。也就是说，如果不进行过滤，自己的访问也会被计算在内。

"与上周相比，PV 增加啦……仔细一看，都是自己的访问"，为了避免这样的问题，现在让我们把自己的访问过滤掉。

过滤自己访问的方法有多种，这里我们介绍排除自己的 IP 地址（网络上可以识别一台电脑或一部手机的一串数字）这个方法。

① 点击"设置图标"（1），在账号列点击"所有过滤器"（2）。

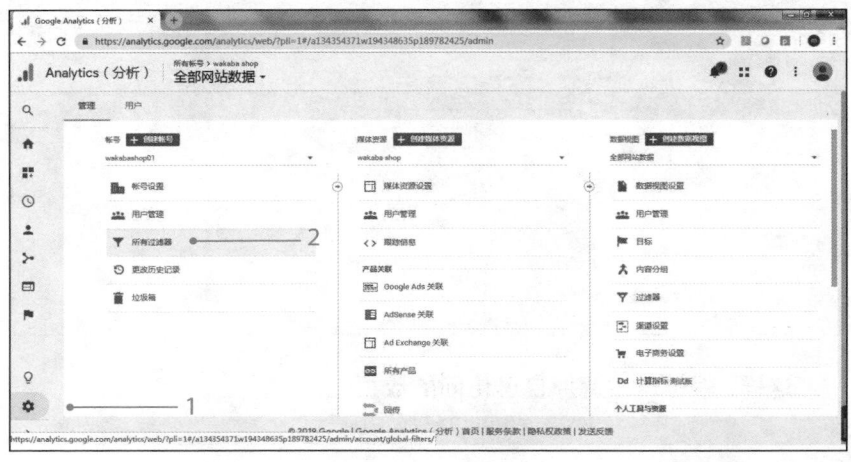

② 点击"添加过滤条件"（1）。

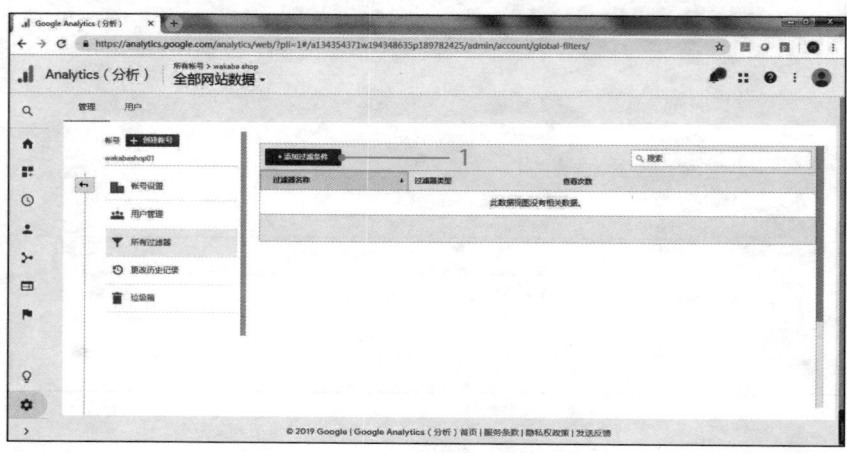

③ 输入"过滤器名称"（1），为方便识别请赋予一个易懂的名称。过滤器类型选"预定义"，然后依次选择"排除"（2）、"来自指定 IP 地址的流量"（3）、"等于"（4），再输入自己的"IP 地址"（5）。从可选择的数据视图栏中，选择此过滤条件适用的视图，然后点击"添加"（6）。最后，点击"保存"（7）。

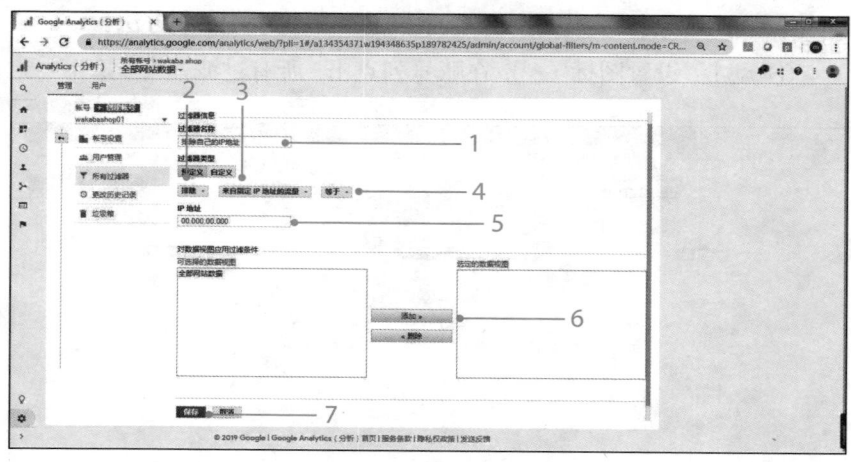

这样，就可以过滤掉自己访问的数据啦！

Google Analytics 还有很多其他便利的功能!

　　本节集中介绍了 Google Analytics 的基本功能，实际上 Google Analytics 还有很多其他的功能。点击不同的按钮试试吧。

真没想到，从博客中到这个网站的人最多。

不做用户行为分析的话，就无法知道这些吧。

"不管怎么样，先在 Twitter 上把商品的介绍增加到一天 5 次"，说这话时的自己，对于自己的顾客真的是什么都不了解呀。感觉自己成长了耶!

嘿嘿，不能只看到这个数据就满足了。
你看看，从搜索引擎引入的人数太少了吧。

咦!? 是啊，少到形势严峻的地步。
嗯，希望能展示在搜索结果的上方，这样很多人能通过这个链接访问我的网站。
可是，怎么才能让网站的展示位次往上排呢?

SEO哟!

这是啥?

下一节再开始教你SEO的正确打开方式。

（这两个人，虽然很靠谱，却有点儿不情愿的样子。）

8
运营～网站发布后才是正戏～

专栏　PageView（PV）的玄机

"PV 突破 10 万！"你一定见过这样的宣传语吧？实际上，PV就是页面每展示一次就累计计数的一种数据统计方式。

- 进入下一页是一个 PV
- 点击返回是一个 PV
- 点击刷新是一个 PV

就这样，在页面展示时 PV 数会累加起来。也就是说，如果一个人浏览了 100 个页面，那么数据结果就是"1 个 user，1 个 session，100 个 PV"。

怎么解释这个结果，需要依据网站本身的目的。

例如，对主要通过用户在浏览文章时点击广告而盈利的新闻资讯类网站，每个用户的 PV 数增加是有价值的。

而对核心指标是用户新增数的网站而言，相比于 PV，他们会更重视 UV（Unique Visitor，独立访客，统计一天内访问某网站的用户数）。

看到"PV 突破 10 万"这样的描述，就一脸漠然地感到"好厉害"，很容易浮于表面，思考难以深入。

- user 数有多少
- 这个网站的原始目标是什么
- 时间期限呢？累积 10 万和 1 个月内 10 万完全是两个概念

通过不断地思考这些问题，网站的用户行为分析就会越来越有趣哟！

如何展示在检索结果的上方？
~正攻法之 SEO

SEO？

是利用技巧性方法提升搜索结果的排名吧？

这样的 SEO 太古老啦！

啥？

DB 在说

搜索者是在找答案……

盆栽的培养方法

向搜索框提问

给出这个问题的答案，

才是展示在搜索结果上方的近道。

在搜索引擎上查找但找不到答案时，用户可能就会转移到别的搜索引擎。

所以，搜索引擎会在搜索结果的上方优先展示回答搜索者所提问题的内容。

📖 搜索引擎的结构

为了让自己的网站排在搜索结果的上方，首先要了解搜索引擎的结构。

搜索引擎是一种信息搜集程序，放出"爬虫"，命令其收集全世界网站的数据。

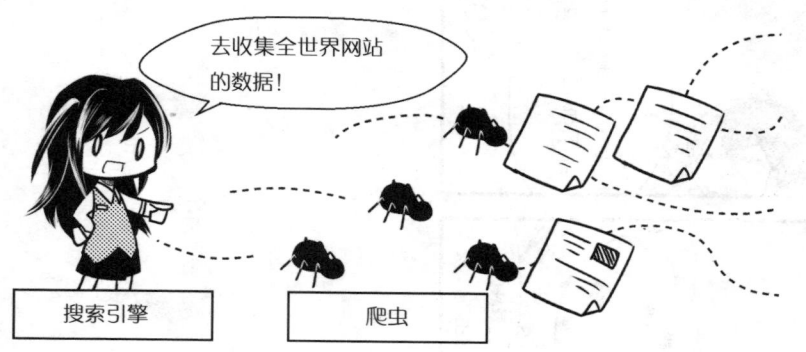

爬虫收集回来的大量数据，会被登记并整理在索引中。

根据算法的评分，搜索引擎将网页进行排序并呈现在搜索结果中。

SEO 是什么？

SEO，Search Engine Optimization 的简称，意思是搜索引擎优化。

那么，SEO 具体做什么呢？

SEO，在 10 年前主要是"优化网页"，现在是"优化搜索路径"。

◆ 搜索者在寻求答案

调查显示，70% 的搜索行为都是为了寻求答案。也就是说，大部分人一直在对搜索框提出自己的问题。针对提问，搜索引擎会从索引中找到可以回答这个提问的候选网站，并按照得分从高到低的顺序，自上而下地展示在搜索结果中。如果其中有你的网站，就会有很多人通过搜索链接访问到你的网站。

制作可以回答搜索者提问的内容，并进入搜索引擎的索引中。

这就是正攻法之 SEO。

认真地制作内容是 SEO？ 和想象的不一样啊。
教教我立竿见影的 SEO 技巧，好吗？

说得好听，但SEO并不是特效药哟。
怎么说呢，SEO就像通过每天坚持不懈地跑步来提高基础
体力一样，没有捷径。
在互联网这个浩瀚的图书馆中，只有通过不断地提供有
价值的内容，才能不断地积累搜索者的信任。

这个很花时间吧？ 实际上还是有技巧的，对吧？

如果用了技巧性方法，有可能会被认定为有意欺骗搜索
引擎的恶意网站……那样就危险了！

◆ 欺骗搜索引擎，有百害而无一利

　　以前，技巧性的 SEO 被认为是有效的，例如把想要强调的关键词
隐藏在大量文本中，增加非自然的反向链接等，通过搜索引擎评分体
系的漏洞来实现。但是这样，只能欺骗搜索引擎，并无他用。

　　随着搜索引擎的算法越来越智能，这些行为便逐渐被看穿。如果
被搜索引擎判定为"此网站为 SPAM[①]"，排序自然会下降，更有甚者，
可能会被删除。

现在，即使有有效的技巧，其手法也极有可能很快被看穿，
从而失去价值。

---

① 译者注：SPAM，指专门欺骗搜索引擎的信息。

◆ 制作优质内容

用不断积累起来的内容，连接起外面的人，那就继续积累对人们有用的内容吧。如果把自己的网站比喻为一家店面，那么每增加一个内容，就是让自己的店面离主街更近一步。

与其要可能很快失效的小聪明，不如进行长期的积累，这样才会有比较大的效果。

正攻法之 SEO。终于明白了其中的深意。
堂堂正正，用内容的品质来决定胜负吧！

📑 什么是优质内容

那么，具体什么样的内容才能称得上优质呢？

优质内容……优质内容……不行啊，太抽象了，根本想不出来。

这时候可以用反向思维，先来试着想一想什么是劣质内容吧。

◆ 这样的搜索真糟糕！

搜索时，如果展现了如下结果，就非常糟糕啦。

搜索词	糟糕的搜索结果
盆栽 培养方法	只展示肥料的商品信息，没有核心的培养方法等相关的内容
千代田区 拉面	从第 1 位到第 10 位，展示的是同一家店的同一篇文章
母亲节 什么时候	几年前母亲节的日期展示在上方

如果展示了这样的搜索结果，读者就会叫出"不对，不是这样的"。

那么，什么样的搜索结果是你想看到的呢？

◆ 这样的搜索引擎，让人喜欢！

　　搜索者想要找的，应该是这样的结果吧。

搜索词	搜索结果是这样的话？
盆栽 培养方法	系统地介绍浇水、放置环境、施肥方法的文章，充满内容的网站
千代田区 拉面	均衡地展示多种多样的店铺及相关文章，根据口碑进行排序，还可以看到他人的评价
母亲节 什么时候	上方展示今年母亲节的日期

如果是这样的搜索结果，就会令人满意，"对呀对呀，我就是要找这样的信息"。

📝 优质内容 = "令人满意" 的集合体

实际上，在 Wakaba 酱列出的内容中，包含了制作优质内容的要素。

◆ 分析一下"糟糕"的内容、

　　让我们一起来分析下刚才"糟糕"的内容。

"糟糕"的元素	搜索者的心情
没有回答搜索者的问题	我想知道的是盆栽的培养方法，不是肥料啊
内容少而浅	想详细地了解盆栽的培养方法，得到的却只有肥料的价格信息
同一文章多次出现（复制性内容）	想看看别人的评价，综合判断一下。结果一个一个点过去都是一样的，好浪费时间
信息老旧	母亲节是 5 月 9 日。呃，这个是 2010 年的信息，好险啊

◆ 分析一下"令人满意"的内容

下面让我们一起来分析下"令人满意"的内容。

"令人满意"的元素	搜索者的心情
回答了搜索者的问题	详细地介绍了盆栽的培养方法，大有帮助
内容广而深	浇水、放置环境、施肥方法等，从多个角度说明了该如何养盆栽，很有帮助
具有原创性	从第 1 位到第 10 位，列举了不同角度评价出的人气拉面店，很有参考价值
信息新	立刻就知道了今年母亲节的日期，很方便

试一试，在搜索引擎上搜索一个问题。查看排在最前面的网站，是不是都有这些"令人满意"的元素。

这样"令人满意"的元素越多，就越能称为"优质内容"。

思考一下该制作什么样的内容

试着想一想，目标人群会用什么样的词进行搜索呢？

在第 1 章中，Wakaba 酱设定的目标人群是这样的。

这种人是
目标人群

有一个朋友，他的工作与 Web 相关。

想送他一个礼物，但是送什么他会喜欢呢？

6W1H	含义	预设
Who	网站是为谁做的	想给互联网产品经理送礼物，但不知道送什么好的人
When	他什么时候用这个网站	当他考虑"送什么给那个互联网产品经理呢？"的时候
Where	在哪儿用这个网站	电脑或手机
What	这个网站提供什么	这个店里独有的，印有独特 Web 相关图案的 T 恤、马克杯
Whom	谁来提供	将要成为互联网产品经理的 Wakaba 酱
Why	为什么要用这个网站	想知道互联网产品经理喜欢什么样的东西，遇到适合的想买下来作为礼物送给他
How	怎么用这个网站	今年他过生日送个礼物吧→他是个互联网产品经理呀→搜索"互联网产品经理礼物"→找到 Wakaba Shop →购买

用户搜索的是"互联网产品经理礼物"，对吧？
小主人，你悟性不错嘛。

嘿嘿，针对这个搜索词制作内容的话，什么样的是好的呢？从上面"令人满意"的角度来思考一下吧。

"令人满意"的元素	提供的内容	搜索者的心情
回答了搜索者的问题	50 人的选择，让 Web 从业者开心的礼物排名	根据 Web 从业者的意见制作的排名，就是我想要的，满意
内容广而深	Web 从业者日常需要的办公室用品、小物件等，在 Wakaba Shop 的原创商品页中聚集着完整的信息	商品的介绍信息不偏颇，很好
具有原创性	50 位互联网产品经理、程序员的真言，收到这样礼物后的评价	了解了最直接的评价信息，选择礼物的时候可以作为参考，这是其他网站没有的内容哦
信息新	1 月 1 次，Wakaba Shop 会更新商品	哦，更新日期是最近哟。更新得还是蛮频繁的，下次不知道该选什么礼物的时候还来这里

噫噫，这样的话，做出来的内容就是 10 分的"优质内容"了。做起来！

哇哦！做起来，做起来！

专栏　　搜索引擎越来越像人类？！

　　人类是很神奇的生物，只要浏览一个页面几秒钟，就能得出"这个网站看起来很好哟""这个网站好像没什么价值"等这样感性的判断。

　　然而，这种"看起来很好"的感性判断，对机器而言，是很难的。

　　为了能有这种判断能力，搜索引擎进行了大量的系统检验性项目，现在它越来越像人类了。

　　例如，过程可能是这样的："有多个博客推荐"→"在 Twitter 等社交网络上扩散"→"许多人进行了评价"→"应该是优质内容"。

　　随着系统的不断升级，搜索引擎逐渐能够做到选出"真正的优质内容"了，这真令人非常开心。

　　自导自演的反向链接会很快被新的算法识破并淘汰，好棒的年代！

SEO 技巧没有了价值。优质内容可以自动地呈现在搜索结果页上方，可能就是搜索引擎的终极状态吧。

39 网站没效果，为什么呢？

没有得到预想的结果，震惊吧。

请不要在"没效果"这里就结束哦，来分析下原因吧。下线无效的部分，加强有效的部分，一定会成为一个有效的网站。

8 运营～网站发布后才是正戏～

网站没效果！

网站发布后，立即有效果当然是最好的，但一般情况下并不会那么顺利。

呜呜，内容也制作了，1 个月 2 万日元的营业额也不算多吧？但是，这周一个订单都没有！

1个月2万日元营业额，假设单价平均为2000日元，那就需要10个订单。

那么，一周就至少需要 2 个订单？啊啊，这样的目标根本完不成呀！

商品卖不出去，资料申请的按钮没有点击，制作了业务咨询表，但根本没有咨询……面对这些状况，你是不是会有这样的不解："我知道这样下去不行，但从哪儿入手改变这种状况呢？"

下面就来介绍针对这些走投无路的状况，该怎么思考。

◆ 从拆解结果开始

进展不顺时，特别不想看结果，对吧？但是，这种时候才是优化效果的机会。

对"为什么没效果"进行详细的拆解，就能知道从哪里入手优化，从而对网站进行升级。

首先，用最基本的框架来拆解一下。

- 访问量……………………………有多少用户访问了这个网站
- CV（Conversion）……………转化，最终帮你达成目标的用户数
- CVR（Conversion Rate）……转化率，访问网站的用户中，完成目标动作的人所占比率

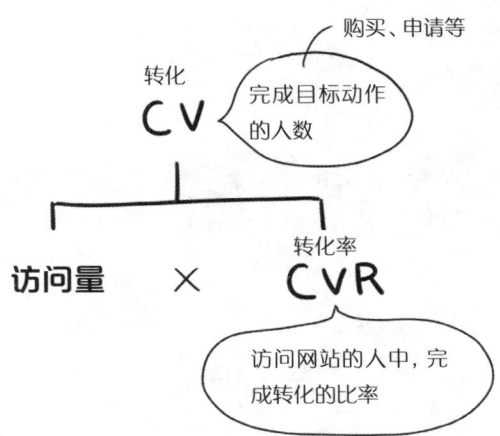

设定时间期限为 1 个月，把达成目标的数值带入这个框架中。

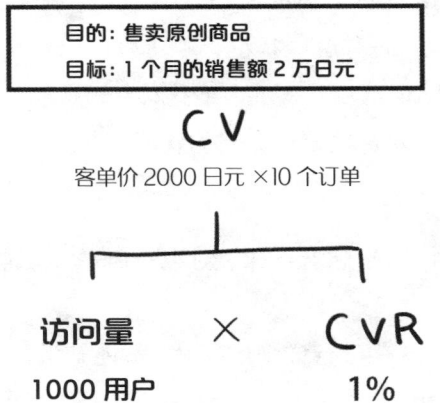

 电商网站的 CVR 均值在 2%~3%。
这里，假设 100 个访问用户中，最终只有 1 人下单，也就是说 CVR 为 1%。

当 CVR 为 1% 时，一个月要完成 10 个订单，那么就需要 1000 的访问量。

$$1000用户 \times CVR\ 1\% = 10个订单$$

另外，CVR 的计算有时不用用户数，而用 session 数。

最近一个月的访问量是 481 个用户。
要完成目标，访问量需要增加到现在的 2 倍。

或者，也可以通过把CVR提升至2%。CVR如果能到2%，
一个月的访问量到500，目标也能完成。

$$500用户 \times CVR\ 2\% = 10个订单$$

那么，现在我们还不清楚具体该怎样增加用户量、提升 CVR，对吧？这时，需要进一步拆解。

▼示例·分解

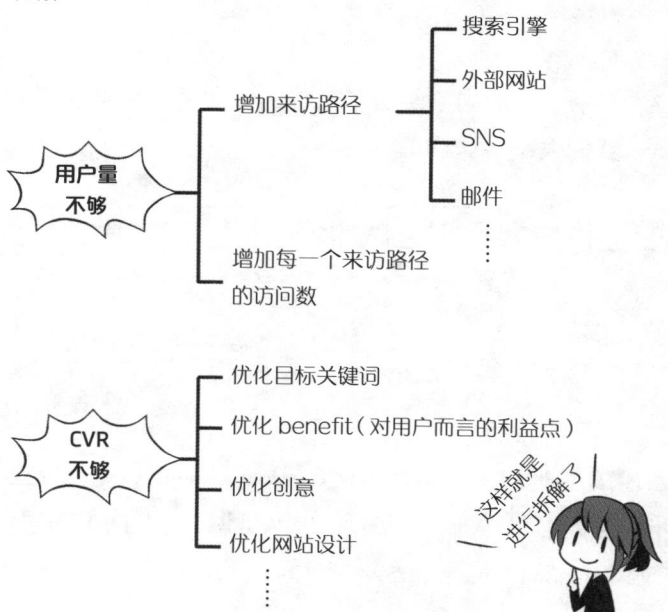

8
运营～网站发布后才是正戏～

拆解后，再把实际的数据对应到每一项上。

这样，数据非常差的地方和数据非常好的地方，都会突出呈现出来。下一步在制定效果提升策略时，就可以从对核心数据影响最大的环节开始。

如果只知道"卖不出去"这个信息，就会不知道怎么做才能卖得出去。但如果对"卖不出去的原因"进行拆解分析，就可以针对具体的问题来思考解决方案。

下面，我会继续教你优化网站的思路哟。

专栏　有用的方法论，还有别的！

使用互联网时，你是否有过下面的行为呢？
- 在旅游景区寻找还不错的餐厅并预约
- 在电商网站冲动购物
- 购买视频网站的会员

这种时候，你的内心经历了怎样的过程呢？例如预约景区的餐厅时，我们大概会这样：

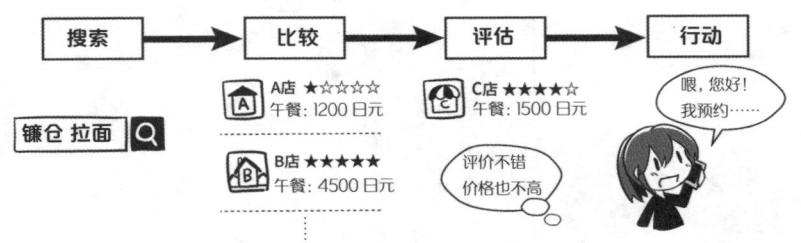

上述的心理过程，被 Amviy Communications 的望野先生拆解为 7 步，这便是"AISCEAS"模型，也就是说，互联网上的消费行为是按照 Attention、Interest、Search、Comparison、Examination、Action、Share 的顺序进行的。

AISCEAS，也可以作为一种思考方法论，用于优化网站。

这样进行拆解思考，就能相对容易地分析出用户是在哪个阶段流失的。这种营销、战略相关的方法论，如果平时知道一些，在进行网站优化时，也会成为你坚实的伙伴。

40 持续 PDCA 循环，做出有效果的网站！

Wakaba 酱的情况：
· 目标数：一个月从搜索引擎获取 519 个用户（在 481 的基础上追加，目标是 1000 个用户）
· 为达成目标数要做的事情：制作新内容
· 检查方法：用用户行为分析工具确认每天来访人数

调研了 50 个用户，开始马不停蹄地制作"令 Web 从业人员心动的商品排行榜"页面。

与上周相比，从搜索引擎流入的用户多了 150 个！按这个节奏，可完成一个月获取 519 个用户的目标！

基于检查（CHECK）环节确认的结果，决定是继续、修正或放弃当前策略，进入下一个计划（PLAN）环节。

顺利的话，可以持续"制作同一方向的不同内容"，与下一个 PLAN 连接。

8

运营～网站发布后才是正戏～

🖋 PDCA 循环是什么？

PDCA 循环为 Plan（计划）、Do（执行）、Check（检查）、Act（处理）的多次循环过程，可以对某种商品或服务进行持续优化。这个方法最初是基于制造业的品质管理而被提出的，现在也适用于网站的持续优化。

通过持续地进行 PDCA 循环，可以不断地增加应对方案的精度，从而让网站的效果越来越好。就像螺旋楼梯，向着目标一步一步往上走。

🖋 身边的 PDCA

实际上，大家都在不知不觉地使用 PDCA 循环。用减肥这件事举例会比较好理解。

▼PDCA 循环示例

项目	内容
Plan	目的：减肥，为了穿上已经穿不上的裙子 目标：1 个月减 3 kg 检查方法：每天早上 7 点钟称体重，记录
Do	戒掉零食
Check	1 周只减了 100 g 这个节奏 1 个月只能减 400 g
Act	限制饮食这个方法进展不顺，改为运动减肥（进入下一个 Plan）

持续地进行 PDCA 循环，执行起来是很难的哟。

真的？看起来很简单的呀。

那我问你，减肥的 PDCA，你坚持了几次呢？

哎，只有 1 次……不过，最近连体重计都没上。哇啊，耳朵好痛！

把 PDCA 循环用于网站优化

让我们一起把 PDCA 循环用于网站优化吧。

◆ Plan

让我们想一想与目的一致的目标数值，以及为了实现此目标数值需要做的事情。这一步，容易忘记的是确定检查方法。

例如，Web 的目的是获取用户，其目标是"session 数"，检查方法是"用用户行为分析工具确认每天的 session 数"。

再如，Web 的目的是用网上的优惠券提升进入实体店的人数，那么其目标是"到店人数"，检查方法是"在收银台使用优惠券的张数"。当然，优惠券所在页面的 session 数也是一个指标，但如果把优惠券页面的 session 数作为核心考核指标，有可能会引起判断失误。因为"优惠券页面的 session 数一周有 3000，但在实体店使用的优惠券张数为 0"这种情况，也是有可能发生的。

这样，虽然是"制作同一个页面"，但其目的不同，目标设定和检查方法也会有很大的不同。

理想的 Plan 是能够看到 PDCA 整个流程的 Plan。

◆ Do

此阶段是执行 Plan 阶段制作的计划。网页的制作、编辑等实际操作是在这个阶段进行的。无论是制作自己公司的网站，还是其他公司委托的网站，如果在工作中有"现在在做 PDCA 中的 Do"这样的认知，这一步就不仅仅只是在操作了，自己也会成为有全局观的互联网产品经理。

◆ Check

实际上，PDCA 循环是从统计学的角度提出的思考方法，它以数字为中心进行螺旋上升。

如果没有确定应该检查的数据，就会成为有头无尾的工作。他人可能会凭想象进行评估，"前段时间制作的网页，根本没有效果嘛"。而网页也有可能是有效果的，这样就很可惜。

确定了应该检查的数据，就可以进行"比预期的高或低"、"按照这个节奏可以实现目标或无法实现目标"这样的评论，进而引入下一个阶段。

◆ Act

此阶段基于 Check 阶段的结果，选择是继续、修正，还是放弃当前的策略。

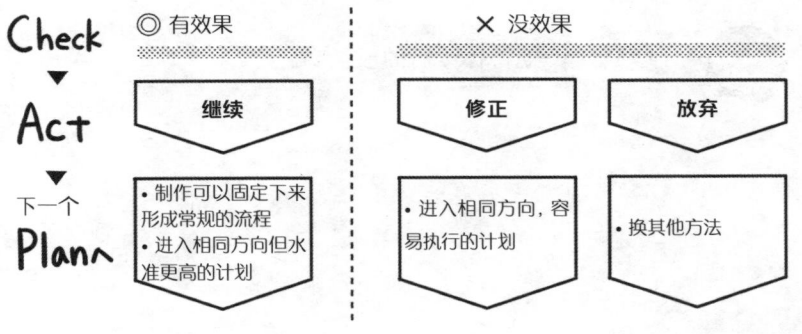

这样，通过与下一次 Plan 相连接，就可以沿着优化的螺旋楼梯不断上升。

我以为网站制作好了就结束了，完全不是这样啊。
不管网站看起来有多酷，如果没有效果，也是白搭呀。

 与最开始相比，Wakaba酱变得靠谱了很多嘛！

 嗯，主要是因为大家这么用心地教我，感谢哟！

 不客气……

 啊——啊——我们 4 个一起教的，这也是理所当然的啦。没什么好谦虚的。

 嘿嘿嘿，期待你今后的成长哟。

哈~

与最初相比,我现在还是很了解 Web 设计的!

那么,下一步优化这里吧!♪

Wakaba 酱

跟你聊聊可以吗?

但是，
　我们毕竟
　　是语言……

待在这个世界，本身就是很奇怪的！

所以，
我们不能待在 Wakaba 酱身边很久……

……啥?

回去的路，

找不着了！

……？！

还是 Wakaba 酱的屋子，
让人能平静下来！

我肚子饿了！

DB 先生想去泡澡了……

我先！

吵吵闹闹的日子
好像又要持续一段时间了……

🌱 目标是Web设计的入园大门

本书的定位，我想应该是Web设计的入园大门，也是Web设计这个主题公园的大门。

主题公园的大门如果是又厚又重的铁门，入园的人就会很少。而如果是闪闪发亮又软绵绵的大门，大家就会很期待早点儿进去。

所以，这本书对快乐、易读性追求到极致。因为一旦进入Web设计的大门，里面的世界将会无限广阔。

🌱 增强对"Web设计真有趣"的认同

你读这本书的初衷是什么呢？

- 想成为互联网产品经理？
- 在工作中需要这方面的学习？
- 对Web设计没什么兴趣，但是喜欢里面的角色？

无论是什么样的初衷，都很好。

读完之后，如果有一点儿认同"Web设计真有趣"，这对我而言就是莫大的奖赏。

当你介绍别人听一首曲子时，当然更愿意听到"你介绍的那个乐队的曲子我听了，很棒哟！"，而不愿听到"这个乐队的曲子，不好听！"这样的反馈。

同样地，我更喜欢听到"Web设计真有趣"，而不是"Web设计好无聊"。

当然，每个人都有不同的喜好，也没必要强求什么。

尽管如此，你最早看到的是"英文的操作说明书"，还是"面向有经验者的充满专业术语的书"，亦或是"用漫画来快乐学习的书"，其结果还是很不一样的。

⚹ 用漫画学会Web设计的诞生与出版

用漫画学会Web设计，开始于Note这个社交媒体。

我当时觉得，"如果能在读漫画的过程中，自然地学会Web设计，一定会很有趣"，然后就利用工作外的时间，开始在Note上发布自己的漫画。

当然，最开始没有任何关注，粉丝数也是0。随后几个月，我依然坚持创作与上传漫画，来看HTML酱的人也慢慢增多了。

在Note上能看到很多人的作品从而受到启发，然后对自己的作品也有所感悟，是非常棒的经验。我好像被什么抓住了一样，每天都持续发布自己的漫画。

突然有一天，出版社的编辑联系我，问要不要出版成书。我虽然坚持在Note和Twitter上更新内容，但从未想到能受到出版社的关注。

我高兴得跳了起来，马上就开始了创作，但是也逐渐意识到写书的困难之处。

与互联网不同，纸媒有这样的特征："内容发布之前，看不到读者的反馈""有错误时极难修正"。

我每天都担忧"如果提供的信息太旧了怎么办，错了怎么办""这一段说明，会不会反而让读者更加迷惑？"，所以经常会有写好了删掉、再写好了再删的事情发生。

但能让我继续下去的是"想制作在读漫画的过程中，自然地学会Web设计"的想法，它一直在我的内心深处。

如果Wakaba酱、HTML酱她们能够停留在人们心中，如果能向更多的人传递Web设计给人的那种激动感，于我而言，都是人生中最幸运的事。

C&R研究所的池田武人先生对我的想法有深度的认同，本书也是在他的帮助下才得以出版。吉成明久先生宽容耐心地等待着原稿的完成，并给予我许多有价值的指导。还有很多人在本书的制作中给予我许多无私的帮助，在此一并表示衷心的感谢！

最后，是我亲爱的读者们。Web设计的妙趣，能从阅读开始延伸到制作。读完本书后，希望你已具备这种力量。来吧，飞入主题公园，享受Web设计的自由世界！

特别感谢

培养我的各位前辈们

- Twitter、Note、Pplog上支持我的各位
- 从读者的角度直言不讳地提出建议的各位及我的家人
- MAO一军（太郎良木桑、山石桑、哥哥、师傅）
- Team Miira（TB桑、Hakudo桑（网名）、Kyuingamu桑（网名））

素材提供

- GraphicBurger（http://graphicburger.com/）

衣服、马克杯的模型素材，用于示例网站 Wakaba Shop中。

在此，对允许这些素材在本书中使用的 GraphicBurger 管理人 Raul Taciu先生表示诚挚的感谢！

索引
INDEX（前半部分按英语字母升序排列，后半部分按汉语拼音升序排列）

符号·数字

.	8
../	76
*	150
/* ~ */	133
#	146
%	136
<!--~-->	89
_blank	78
@charset	122
!important	143
.js	186
.php	209
3C	23
5F	23
6W1H	9
32位	234
64位	234

A

Act	273,275
action属性	100
AISCEAS	270
alt属性	82
article属性	88
Atom	48
a元素	74

B

body元素	52,54
border属性	97
Brackets	51
br元素	63

C

Cacoo	28
CC许可协议	202
CERN	41
Check	273,274
checkbox	101
checked属性	102
class属性	91,92
clear属性	165
Coda	51

color属性	138
cols属性	103
Creative Commons	202
CSS	112,120
CSS3	114
css()	206
CV	267
CVR	267

D

data-lightbox属性	196
data-title属性	199
Direct	249
div属性	88
Do	273,274

E

Edge	48
em	136
email	102

F

FC2官网	215
FileZilla	224
Firefox	48
Fireworks	29
float属性	163
font-family	131
font-size属性	135
footer元素	84
form元素	100
FTP	223
FTP客户端软件	224

G

Gantter	19
get	101
Google Chrome	48
Google Fonts	128
Google Analytics	241
Google Drive	19
GPL	201

H

h1元素 ································63
h2元素 ································63
h3元素 ································63
h4元素 ································63
h5元素 ································63
h6元素 ································63
header元素 ···························84
head元素 ················54,85,121,186
hidden ······························101
href属性 ····························78
HTML ···························41,42
HTML5 ·····························46
HTML的基本结构 ··················52

I

id选择器 ····························146
id属性 ······························91,92
Illustrator ···························29
img元素 ····························82
input元素 ···························101
Internet Explorer ····················48

J

Java ·······························212
JavaScript ·····················183,205
jQuery ·······················189,191

L

left ·······························163
Lightbox ····························193
li元素 ·····························68,70

M

main元素 ···························84
margin属性 ··························158
method属性 ··························101
MIT许可证 ··························200

N

name属性 ·······················100,102
nav元素 ····························86
none································163

O

ol元素 ······························71
Organic Search ······················249

P

padding属性 ·························158
password ····························101
PDCA循环 ···························273
Perl ·······························212
PEST ·······························23
Photoshop ····························29
PHP ·······························205
placeholder属性 ·····················102
Plan ··························273,274
post ·······························101
px ································136
Python ·····························212
p元素 ·····························63

Q

radio ·······························101
Referral ····························249
require属性 ·······················103,104
RGB ·······························138
right ·······························163
rows属性 ····························103
Ruby ·······························212

S

Safari ·······························48
section元素 ··························87
SEO ·······················45,257,259
Social ·······························249
Specificity Calculator ···············152
SQL ·······························209
src属性 ·····························82
Sublime Text ························51
submit ······························101
SWOT ······························23

T

table元素 ····························95
target属性 ··························78

td元素 ………………………………………… 96
tel ………………………………………………… 102
text ……………………………………………… 101
textarea元素 ………………………………… 103
th元素 …………………………………………… 96
tr元素 …………………………………………… 96
type属性 ……………………………………… 101

U

ul元素 ……………………………………… 70,72
url ……………………………………………… 102
UTF-8 ………………………………………… 179

V

value属性 …………………………………… 102
Visual Studio Code ………………………… 51

W

W3C ……………………………………………… 113
WBS ……………………………………………… 18
Web服务器 ………………………… 39,40,214
Web设计 ………………………………………… 2

B

报警对话框 …………………………………… 185
本地站点 ……………………………………… 232
必填项 …………………………………………… 103
边框 ……………………………… 96,114,155
编程语言 ……………………………………… 183
标记 ……………………………………………… 45,91
标签 ……………………………………… 43,65,67
标题 …………………………………………… 31
表单 ……………………………………………… 98
表格 ……………………………………………… 44,94

C

层叠 ………………………………… 117,118
插件 ………………………………… 191,193
查看网页源代码 ……………………………… 42
超链接 …………………………………… 44,74
重复 ……………………………………………… 207
处理 ……………………………………………… 273

D

大标题 ………………………………………… 63
大纲 ……………………………………………… 87
代码库 ………………………………………… 189
单位 ……………………………………………… 136
单选框 ………………………………………… 101
弹性 ……………………………………………… 169
导航栏 …………………………… 32,68,86
蒂姆·博纳斯·李 ……………………………… 41
店铺网站 ………………………………………… 6
动态网页 ……………………………………… 206
段落 …………………………………………… 61,63

F

发送按钮 ……………………………………… 101
方法论 ………………………………… 270,271
方式 ……………………………………………… 101
访问量 ………………………………………… 267
分组 …………………………………………… 31
服务器端脚本 ………………………………… 205
浮动 ……………………………………………… 163
父元素 …………………………………………… 72
父子关系 ……………………………………… 31,72
复选框 ………………………………………… 101

G

跟踪代码 ……………………………… 242,244
工程师 ……………………………………… 17, 71
规则 ……………………………………………… 115

H

行内 ………………………………… 121,145
行数 ……………………………………………… 103
互联网 …………………………………………… 38
划分区域 ……………………………………… 83,84
换行 …………………………………………… 60,63

索 引

会话·······························246

J

基调与风格·······················33
计划························17,18,272
既有习惯··························31
架构图···························14
检查····························273
脚本语言······················184,205
校验功能·························101
结构化···························43
静态网页·························206
绝对路径·······················73,77

K

开发者工具·······················160
客户端脚本·······················206
空白····························155
空元素···························67
跨浏览器兼容性····················132
框模型···························155
扩展名···························49

L

类别····························105
类选择器·······················143,147
列表··························68,70
浏览器·························48,58
乱码··························174,177

M

媒介查询·······················169,172
每次会话浏览页数····················246
密码····························101
面包屑···························32
模块化···························88
目标························7,29,251
目标用户··························9
目的·····························3

N

内边距···························155
内部样式·························121
内容模型·························105

P

爬虫··························46,258
品牌网站··························6
平均会话时长······················246
评估····························270

Q

企业网站··························5
嵌套结构·························109

S

上传··························223,231
设计··························2,10,26
设计图···························26
社交媒体·························249
声明····························54
市场营销··························23
收藏····························249
属性··························67,115
属性选择器·······················147
属性值························67,147
数据库···························205
说明文···························199
搜索引擎·························258
搜索引擎最优化·····················45
孙元素···························72
缩进····························60
索引····························258

T

特指度·························151,152
条件判断·························207
跳出率···························246
通配选择器······················142,150
头部内容·························84
图片··························29, 80
图片编辑软件······················29

W

外边距···························155
外部··························122,125
外部文件·······················122,186
外部样式·······················122,125

外形装扮·································· 113
网站制作·································· 18
网站类型··································· 5
伪类····································· 148
文本编辑器·························· 47,48,55
文本输入框······························ 101
文件的层次结构·························· 87
文字数··································· 103
文字颜色································· 137
系统类型······························ 224,234
线框图·································· 27,28
相对路径································· 73,75
响应式Web设计·························· 169,171

X
许可证··································· 200
宣传网站·································· 5
选择器··································· 115

Y
颜色的设置方法·························· 138
样式表··································· 118
页脚····································· 85
页面布局································· 3,27
页面浏览量······························ 246
移动SEO优化指南························ 171
隐藏已知文件类型的扩展名·············· 50
用户··································· 9,239
用户行为分析··························· 239
优化····································· 274
优先顺序································· 15
元素····································· 67
元素选择器····························· 149
源代码·································· 43,60
远程站点································· 232

Z
在线字体································· 128
执行····································· 273
直接输入································· 249
直接写入································· 121
智能手机································· 169
主内容··································· 85
注释··································· 89,116
转化····································· 267

转化率··································· 267
子孙····································· 72
子元素··································· 72
字符编码······························ 122,177
字号大小································· 134
租赁服务器···························· 214,215